预备物理实验

YUBEIWULISHIYAN

主　编　戴玉蓉
副主编　章　羽　钱　锋
参　编　孙贵宁　姚　雨　安　明

东南大学出版社
南京

图书在版编目(CIP)数据

预备物理实验/戴玉蓉主编.—南京:东南大学出版社,2011.12(2019.9重印)
ISBN 978-7-5641-3178-4

Ⅰ.①预… Ⅱ.①戴… Ⅲ.①物理学—实验—高等学校—教学参考资料 Ⅳ.①O4-33

中国版本图书馆 CIP 数据核字(2011)第 254652 号

东南大学出版社出版发行

(南京四牌楼 2 号 邮编 210096)

出版人:江建中

网 址:http://www.seupress.com

电子邮件:press@seupress.com

全国各地新华书店经销 南京玉河印刷厂印刷

开本:700mm×1 000mm 1/16 印张:10 字数:180 千字

2011 年 12 月第 1 版 2019 年 9 月第 4 次印刷

ISBN 978-7-5641-3178-4

定价:36.00 元

本社图书若有印装质量问题,请直接与读者服务部联系。电话(传真):025-83792328

前　言

东南大学预备物理实验课程从 1999 年开始实施,经过 10 多年的探索与积累,目前集补课、自主、开放、网络化于一体,吸引着众多大学新生。每年选做预备实验的人数已从最初的 1300 人发展到现在的 2600 多人,占理工科学生总数的 90% 以上。课程的教学功能与目标定位主要体现在以下三个方面:

● 作为衔接中学物理与大学物理课程的桥梁,全面提高物理实验必修课程的教学起点。

● 以实验为切入点,引入基于问题的教学模式,带动后续理论和实验必修课程的学习。

● 全程网络化、信息化的网络辅助教学与管理模式为学生自主学习提供了充分的自由度。

在预备物理实验首次开课的 1999 年,实验中心对选修实验的部分学生(100 名)进行了问卷调查,学生们普遍认为全开放的实验教学形式有助于培养学生独立自主的能力,实验项目难度适中,但建议多一些设计性的实验项目,以进一步激发学生对物理实验的兴趣。在此基础上,本着以学生为本的理念,实验中心对部分实验项目进行了调整,并对教学模式进行了改进与完善。

2008 年实验中心再次对来自各院(系)的 500 名学生进行了问卷调查,同时现场访谈了数十名学生。同学们普遍认为自主选择实验项目令自己在学习过程中具有更大的主动性,因此也更加重视物理实验课。其中 78.2% 的学生根据兴趣选择实验项目,14.5% 的学生根据专业特点选择实验项目。80.9% 的学生对于预备性物理实验的网络资源与管理系统相当满意;95% 以上的同学认为门禁刷卡及远程电源控制系统的实施大大提高了实验室的服务及管理水平。

本教材正是在这些年的教学实践与不断改革的基础上编写而成。参加本书编写的有戴玉蓉(约 10.2 万字)、章羽(约 6.2 万字)、孙贵宁(约 1.5 万字)、姚雨、安明，全书由戴玉蓉、钱锋负责统稿和定稿。感谢东南大学物理实验中心的顾百青、胡一兵、俞登、王静霞、刘文绮、孔祥翔等老师，感谢他们多年来为预备物理实验课程所做的一切！特别感谢熊宏齐老师对预备物理实验课程的开设及计算机 TA 教学模式的创立所做的贡献！部分实验项目在建设过程中得到了复旦大学及中国科技大学等兄弟院校的关心与帮助，在此表示感谢！

　　本书在编写过程中，参考了大量的文献资料，已在书后一一标注。此外，也从网络上如百度、谷歌、维基百科、搜狗等搜集了部分资料及图片，有些内容难以确定原作者及出处，未能作详细标注，谨在此向他们表示感谢！

　　由于我们水平有限，不妥之处在所难免，恳请读者和同行专家们批评指正。

编　者

2011 年 10 月

目　录
CONTENTS

绪　论

　　预备物理实验定位于中学物理与大学物理的桥梁,主要目标在于促进学生对一些基本概念和原理的认识、理解,并在实验中促进学生主观能动性的发展,从而激发学生的兴趣,提升自主的意识,培养创新的思维。预备实验与后续的物理实验课程在教学内容上相互联系,教学空间上相对独立,教学功能上相互支撑,教学目标上浑然一体。

　　学什么:为引导同学们及早进入开放式的实验环境进行自主学习,培育科学实践精神与研究探索意识,实现学习模式从中学到大学的转变,预备物理实验根据新生的知识结构特点及人才培养目标,选择了在中学物理基础上的十二个定性和半定量的既经典又能引起学生兴趣的实验,在国内开创了大学新生尽早进入物理实验室进行自主学习之先河。

　　怎么学:本课程营造了开放而宽松的实验室自主学习环境与氛围,同学们可以按照自己的实际情况选择合适的实验环节、实验项目、实验时间,还可以针对实际情况完成不同层次的实验要求。学生课前在网上预约和预习实验,了解本次实验“做什么、怎么做、为什么这样做”;然后在预约的时间刷卡进入实验室自主实验;记录并处理实验数据,下课前将完整的实验记录交给主讲教师;实验结束应整理仪器、桌凳,然后刷卡离开实验室。

　　课程采取必修加选修、感性认识加动手实践、传统教学加网络化教学的多种教学手段。在实验过程中,遇到一般性的问题同学们可以查看计算机 TA,遇到个性化问题可以与实验主讲教师进行深层次交流,自主研学实验可以与网络监控室的值班教师沟通交流。

实验一

长度测量工具的使用和胶片密度的测定

1. 知识介绍

物质的质量与体积的比值称为密度,它是重要的物理参数之一。它只与物质的种类和状态有关,与质量、体积、形状无关,因此,根据密度可以鉴别物质成分或分析液体的浓度、材料的纯度等。要得到物体的密度需要测定其质量和体积,质量可以由天平直接测出,体积的测量则因物体的形状、形态不同而方法各异。对于外形规则、简单的物体,可先测量其几何尺寸(如长、宽、高等),然后计算出体积,其中涉及长度测量的相关知识。

将被测长度与已知长度比较,从而得出测量结果的工具称为长度测量工具。从古到今,不同的时代,不同的国家,用过不同的长度测量工具和长度单位。比如:我国古代以中指中节的长度作为"一寸",如今中医针灸还是沿用这种尺度寻找穴位;古埃及用一个中指的宽度作为"尺子",叫做"一指";英国以脚的长度"英尺"作为度量标准。随着科学的进步,长度测量工具越来越规范、精密,长度单位也得到了统一的规定。

1772年和1805年,英国的瓦特和莫兹利分别制造出利用螺纹副原理测长度的瓦特千分尺和校准用测长机。19世纪中叶,出现了类似于现代机械式外径千分尺和游标尺的测量工具,随后出现了一批光学测量工具。20世纪初,工具显微镜、光学测微仪等被应用于机械制造中;50年代出现了以数字显示测量结果的坐标测量机;60年代起,计算机被应用于机械制造的辅助测量。

目前,长度测量工具的品种规格很多,使用也非常广泛。生活中大家比较熟悉和常用的尺子有木尺、钢尺、皮尺等;在工程观测中常用的有游标尺、千分尺、量块(图1-1)等;对于测量精度要求非常高的有比较仪、激光干涉仪、工具显微镜(图1-2)等。对于长度为米级的物体,通常用直尺(如木尺、钢尺等)直接测量,在使用此类刻度尺时要注意尺子边对齐被测对象,不能歪斜,不利用磨损的零刻度线,读数时视线与尺面垂直。对于较小尺寸的物体,例如薄板的厚度和钢丝的直径等,为了提高测量精度,可使用游标尺或千分尺进行测量。对于更微小的长度变化,则要采用特殊的方法,如光杠杆法、干涉法等。

图 1-1　量块

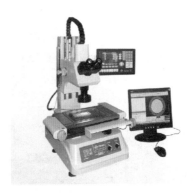

图 1-2　工具显微镜

长度测量应用广泛,是一切测量的基础,其他物理量的测量往往会转化为长度来进行读数,因此掌握长度测量方法十分重要。例如,水银温度计依据水银柱液面的位置来读取温度值;指针式电表依据指针在弧形刻度盘上的位置来标定读数。

2. 实验目的

1)了解游标尺及螺旋测微器的原理;
2)掌握用钢尺、游标尺、螺旋测微器、读数显微镜等仪器测量长度的方法;
3)掌握电子天平的调节和使用;
4)根据不同的测量对象和测量要求,选择合适的测量工具。

3. 实验原理

密度公式为 $\rho = m/V$,式中 m 是物体的质量,V 是物体的体积。质量一般用天平测量,本实验使用的是电子天平。对于具有简单规则形状的固体,使用长度测量工具测出它的几何尺寸,然后计算其体积。如果是液体,可将其注入规则的容器中,从而测量它的体积。

4. 实验仪器

1) 游标尺(游标尺)

游标尺是测量物体的长度、深度、外径和内径的量具,实验室里常用游标尺的分度值为 0.02 mm,量程为 200 mm,仪器误差限 $\Delta_{\text{ins}}=0.02$ mm。

● 游标尺的结构

如图 1-3 所示,游标尺由主尺和可沿主尺滑动的游尺组成,游尺上的刻度即游标,主尺一般以毫米为单位。主尺和游尺的一端,上下各有一对量爪,上量爪用来测量物体的内径,下量爪用来测量物体的长度和外径,深度尺与游尺连在一起,可以测量物体的深度。当下量爪紧密合拢时,游尺和主尺上的"0"线(零刻度线)应对齐。

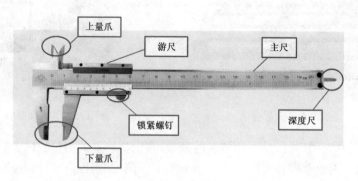

图 1-3 游标尺

● 游标原理

游标尺上 n 个分隔长度和主尺上 $n-1$ 个分隔长度相等,利用主尺上最小分度值 a 与游尺上最小分度值 b 之差来提高测量精度(如图 1-4)。

$$nb=(n-1)a \Rightarrow a-b=\frac{1}{n}a$$

$a-b$ 称为游标尺的最小读数或精度,记为 δ,δ 等于主尺最小分格的 $\frac{1}{n}$。

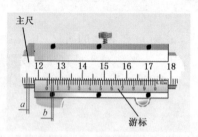

图 1-4 游标原理

如图 1-5 所示,游标上刻有 50 个分格,即 $n=50$,但它的总长度只有 49 mm。因此主尺和游尺每一个分格的刻度差为 $1.00-49/50=0.02$ mm,这是该游标尺所能准确读到的最小数值。$n=50$ 的游标尺简称"五十分游标尺",此外常用的还有 $n=10$ 的"十分游标尺",$n=20$ 的"二十分游标尺"。

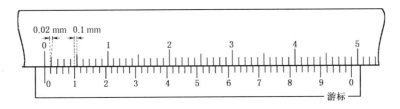

图 1-5　五十分游标尺

● 游标尺读数

游标尺的读数由主尺读数和游尺读数两部分组成,首先以游尺零刻度线对准主尺上的位置,读出以毫米为单位的整数部分,然后看游尺上第几条刻度线与主尺的刻度线对齐,读出毫米以下的小数位。

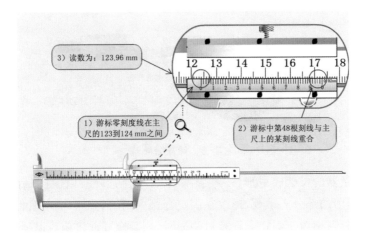

图 1-6　游标尺的读数

如图 1-6 所示,主尺上可读出的准确数是 123 mm,游尺上第 48 根刻度线(不含零线)与主尺上的某一刻度线重合,这就说明游尺的零线从主尺 123 mm 线处向右移动了 48×0.02 mm $=0.96$ mm,所以图中游标尺的读数为 123.96 mm。事实上,"五十分游标尺"的游尺上已刻上了 0.1 mm 位的数值,方便了使用者直接读数。

● 游标尺的使用

使用游标尺时,一般用右手拿住尺身,左手拿物体,并用右手大拇指移动游尺,使游尺沿着主尺滑动,待测物位于量爪之间并与量爪紧紧相贴时,即可读数。

图 1-7 所示的是用游标尺的上量爪测量圆柱体的内径。

图 1-7　测量圆柱体的内径

用游标尺测量之前,应先将量爪合拢,检查主尺与游尺上的"0"线是否对齐。如不对齐,应记下初始读数并对测量值加以修正。游尺的零刻度线在尺身零刻度线右侧的初读数为正值,在尺身零刻度线左侧的则读为负值。

2) 螺旋测微器(千分尺)

螺旋测微器是比游标尺更为精密的测量长度的仪器。它的测量范围只有几个厘米,测量长度可以准确到 0.01 mm。实验室常用的螺旋测微器的外形和结构如图 1-8 所示,其量程为 25 mm,分度值为 0.01 mm,仪器误差限 $\triangle_{ins}$=0.004 mm。螺旋测微器常用于测量小球的直径、金属丝的直径和薄板的厚度等。

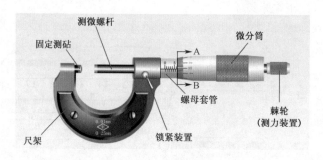

图 1-8　螺旋测微器

螺旋测微器的尺架成弓形,一端装有测砧,测砧很硬,以保持基面不受磨损。测微螺杆(露出的部分无螺纹,螺纹在固定套管内)和微分筒(活动套筒)、测力装置相连。当微分筒相对于固定套管转过一周时,测微螺杆前进或后退一个螺距,测微螺杆端面和测砧之间的距离也改变一个螺距长。实验室常用的螺旋测微器的螺距是 0.5 mm,沿微分筒周界刻有 50 分格,因此,当微分筒转过一分格时,测微螺杆沿轴线前进或后退 0.50/50= 0.01 mm,这就是螺旋测微器的分度值。固定套管的上下两排刻线组成最小分格为 0.5 mm 的主刻度尺。在测量物体长度时,毫米部分(包括 0.5 mm)可以从主尺上的毫米刻线直接读出。不足 1分格(0.5 mm)的部分可以从微分筒上的刻线读出。如图1-9 所示,这时螺旋测微器的主尺刻度在 6 到 6.5 mm 之间,微分筒的刻度在 0.24 到 0.25 之间,再加上估读数 0.002 mm,其读数为 6+0.24+0.002=6.242 mm。

使用螺旋测微器时应注意以下几点:

图 1-9　螺旋测微器读数

- 测量物体的长度时,将待测物放在测砧和测微螺杆之间后,不得直接拧转微分筒,而应轻轻转动测力装置,使测微螺杆前进,当它们以一定的力使待测物夹紧时,测力装置中的棘轮即发出"喀喀"的响声。这样操作,既不至于把待测物夹得过紧或过松,影响测量结果,也不会压坏测微螺杆的螺纹。螺旋测微器能否保持测量结果的准确,关键是能否保护好测微螺杆的螺纹。

- 使用螺旋测微器之前,应先记录初读数。转动测力装置,当测微螺杆和测砧刚接触时,微分筒 AB 端面的读数应为 0.000 mm,否则就应该记录初读数,以便对测量值进行修正。考虑初读数后,测量结果应是:测量值＝读数值－初读数。图 1-10 是两个初读数的例子。不难看出,(a)图对应的初读数为负值－0.055 mm,测量结果是读数值再加 0.055 mm,(b)图对应的初读数为正值 0.045 mm,测量结果是读数值再减 0.045 mm。

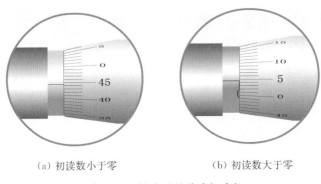

(a) 初读数小于零　　　　　　(b) 初读数大于零

图 1-10　螺旋测微器的初读数

- 读数时要特别注意微分筒的 AB 端面是位于固定套管毫米刻线的前一半还是后一半(可从 0.5 mm 刻线判断)。如果在后一半,切勿少读 0.5 mm。例如在图 1-11 中,固定套管的下方刻线是 0.5 mm 线,因此(a)图中的读数应该是 6.228＋0.5＝6.728 mm,而(b)图的读数是 6.228 mm。

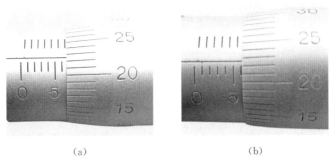

(a)　　　　　　　　　　(b)

图 1-11　螺旋测微器的读数

3）读数显微镜

读数显微镜是可以测量微小长度的光学仪器，又称测量显微镜或工具显微镜，它是光学精密机械仪器中的一种读数装置，常用来测量微小长度或微小长度的变化。结构如图 1-12，主要由显微镜和机械调节部分组成，利用显微镜光学系统对被测对象进行放大和读数。

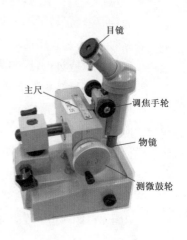

图 1-12　读数显微镜

显微镜的光学系统由物镜、目镜和分划板（安置在目镜套筒内）组成，位于物镜焦平面前的物体经物镜成放大倒立实像于目镜焦平面附近，并与分划板的刻线在同一平面上。目镜的作用如同放大镜，实验者通过它观察放大后的虚像。分划板上刻有十字叉丝，测量时对准被测物体。工作平台下面的反光镜可用于提高显微镜筒内的视场亮度。

测量前先调节目镜，使十字叉丝聚焦清晰后，再调节调焦手轮，对被测物进行聚焦，使被测物成像清晰无视差（视差是指当人的眼睛移动时，目镜中的虚像相对于十字叉丝有明显的移动）。显微镜镜筒是与套在测微丝杆上的螺母套管相固定的，旋转测微鼓轮（相当于螺旋测微器的微分套筒）可带动显微镜镜筒左右移动。

读数显微镜的读数装置与千分尺类似，也应用了螺旋测微器的原理。它的主尺量程是 50 mm，最小分度是 1 mm。鼓轮上有 100 个分度，鼓轮转动一周，整个显微镜水平移动 1 mm，即鼓轮上的 1 个分度对应 0.01 mm。

螺旋测量装置的螺纹之间有间隙，当螺旋转动方向发生改变时，必须先转过这个间隙，镜筒才跟随螺旋转动。这就导致显微镜对同一测量目标沿不同方向测量时，所对应的读数会有差别，这种差别称为空程差。因此在用读数显微镜进行长度测量时，应使十字叉丝沿同一个方向前进，中途不要倒退，以避免空程差。

4）电子天平

实验室常用电子天平测量物体的质量。在使用电子天平称量时，注意以下几点：

- 应在无风、防震的环境中使用；
- 测量前调整水平仪气泡至中间位置；
- 不能用电子天平直接称量具有腐蚀性的物品；
- 防止任何液体渗漏进电子天平的内部；
- 不可过载使用，以免损坏电子天平。

5. 实验内容

1）用游标尺测量空心圆柱体的体积

● 练习正确使用游标尺。先将游标尺下量爪完全合拢,记录游标尺的初读数。然后移动游尺,练习正确读数。

● 测量空心圆柱体的内径 d、外径 D、深度 h 和高度 H。见图 1-13。

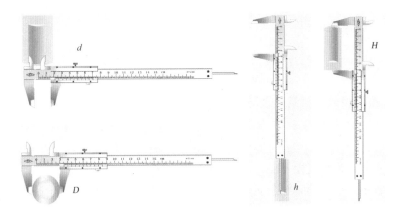

图 1-13　正确使用游标尺

注意:测量时,应该在柱体周围的不同位置上测量高度和中心孔深度各 6 次;沿轴线的不同位置上测量内径和外径各 6 次,且每两次测量都应在互相垂直的位置上进行。

● 计算各测量量的平均值。修正由于游标尺初读数引入的系统误差,得各测量量的测量结果。

● 计算空心圆柱体的体积,正确表示测量结果。

表 1-1　空心圆柱体体积的测定

游标尺的分度值＝＿＿＿＿＿＿ mm
游标尺的初读数＝＿＿＿＿＿＿ mm

测量次数	高 H(mm)	外径 D(mm)	内径 d(mm)	内圆柱孔深 h (mm)
1				
2				
3				
4				

（续　表）

测量次数	高 H(mm)	外径 D(mm)	内径 d(mm)	内圆柱孔深 h (mm)
5				
6				
平均				
修正初读数后的测量平均值	$\overline{H}=$	$\overline{D}=$	$\overline{d}=$	$\overline{h}=$

空心圆柱体的体积：

$$\overline{V}=\frac{\pi}{4}(\overline{D}^2\overline{H}-\overline{d}^2\overline{h})=\underline{\hspace{5cm}}$$

2) 用螺旋测微器测量小钢球的体积

- 练习正确使用螺旋测微器，首先记录初读数，移动测微螺杆，练习正确读数。
- 测量小钢球的直径 d（在不同位置上测 6 次）。
- 计算 d 的平均值，修正由于初读数引入的系统误差，得 d 的测量结果 $\overline{d}$。
- 计算小钢球的体积，正确表示测量结果。

表 1-2　钢球体积的测定

螺旋测微器的分度值 = _____ mm
螺旋测微器的初读数 = _____ mm

测量次数	1	2	3	4	5	6	平均	修正初读数后
小钢球直径 d(mm)								$\overline{d}=$

钢球体积：

$$\overline{V}=\frac{\pi}{6}\overline{d}^3=\underline{\hspace{5cm}}$$

3) 测量照相胶片密度

- 用电子天平测量照相胶片的质量。（注意天平的清零。）
- 用游标尺测量照相胶片的长度和宽度。（注意用玻璃片和夹子固定胶片。）
- 用螺旋测微器测量照相胶片的厚度 d。（注意记录螺旋测微器的初读数。）
- 用读数显微镜测量齿孔的尺寸 a，b。（由于齿孔的四角是圆弧状的，实验室给出了其面积的修正数据，只需测出齿孔的长和宽，在计算面积时再加上修正量即可。注意消除视差和空程差）
- 计算照相胶片的平均密度。

4）对实验室提供的不同曝光程度的胶片密度进行研究

- 已曝光但未显影的胶片；
- 已曝光并显影、定影的胶片；
- 未曝光但已显影、定影的胶片。

表 1-3　胶片及齿孔长度

胶片齿孔面积修正：$S_{修}＝S×0.95$　　　　胶片的质量 $m＝$_____ g

单位：mm

胶片长度 l_1	胶片宽度 l_2	齿孔测量读数		齿孔测量读数		齿孔长度 $a＝\mid a_1-a_2\mid$	齿孔宽度 $b＝\mid b_1-b_2\mid$
		左边 a_1	右边 a_2	左边 b_1	右边 b_2		

表 1-4　胶片厚度

螺旋测微器的初读数 $d_0＝$_____ mm

测量次数	1	2	3	4	5	6	平均值	修正值
厚度 d（mm）								

胶片面积 $S＝l_1×l_2-n×a×b×0.95＝$_____ mm²；（n 为完整的齿孔数）

胶片的体积 $V＝S×\overline{d}＝$_____ mm³；　胶片的密度 $\rho＝m/V＝$_____ g/cm³

6. 注意事项

1）游标尺

- 游标尺是精密的测量工具，要轻拿轻放，不得碰撞或掉地。
- 测量时，应先拧松紧固螺钉，移动游尺时不能用力过猛。
- 游标尺不要测量粗糙的物体，以免损坏量爪；两量爪与待测物的接触不宜过紧；被夹紧的物体不要在量爪内挪动。
- 读数时，视线应与尺面垂直。如需固定读数，可用紧固螺钉将游标固定在尺身上，防止滑动。
- 游标尺使用完后，应对齐"0"点，小心放回游标尺专用盒里。

2）螺旋测微器

- 测量时，当测微螺杆快靠近被测物体时，应转动测力装置，避免产生过大的压力压坏测微螺杆的螺纹，影响测量精度。
- 在读数时，要注意固定刻度尺上表示半毫米的刻线是否已经露出。
- 使用完后，将测砧和测微螺杆间留点缝隙，以免长时间不用锁死，再小心放回螺旋测微器专用盒中。

3）读数显微镜

● 用读数显微镜测量时，注意消除视差。

● 测量中注意避免空程差。

7. 观察思考

1）量角器可以看作一把弧形的米尺，现有一分度值为 10′ 的量角器，试根据游标尺的原理，设计一弧形游标，使该量角器的测量精度提高到 10″。

2）用千分尺进行测量时要考虑空程差吗？为什么？

3）如何测量有空隙的固体材料（如活性炭、海绵等）的表观密度（体积中包括空隙在内）和实际密度？

8. 拓展阅读

1）物理量和国际单位制

为适应各学科领域的发展，1948 年第九届国际计量大会要求国际计量委员会创立了一种简单而科学的、供所有米制公约组织成员国均能使用的实用单位制。1954 年第十届国际计量大会决定采用长度的单位为米（m）；质量的单位为千克（kg）；时间的单位为秒（s）；电流的单位为安培（A）；热力学温度的单位为开尔文（K）；发光强度的单位为坎德拉（cd）作为基本单位。1960 年第十一届国际计量大会决定将以这六个单位为基本单位的实用计量单位制，命名为"国际单位制"，并规定其符号为"SI"。1974 年，第十四届国际计量大会上增加了摩尔（mol）（物质的量的单位）为基本单位，至此，国际单位制由这七个基本单位组成。

七个基本单位分别对应着物理学中的七个物理量，其他物理量都是按照它们的定义由基本物理量组合而成的，叫做导出物理量。导出物理量的单位是按物理量之间的关系，由基本单位以代数式的乘、除运算所构成的单位。如在国际单位制中，速度的单位"米/秒"就是由基本单位米除以基本单位秒构成。

2）长度单位——米的定义来源

1790 年左右，法国科学家规定：以通过法国巴黎的地球子午线的长度的四千万分之一作为一米。

1889 年，第一届国际计量大会确定"米原器"（图 1-14）为国际长度基准，它规定 1 m 就

图 1-14 米原器

是米原器在 0℃时两端的两条刻线间的距离,其精度可以达到 0.1 μm。

1960 年,第十一届国际计量大会废除了米原器,并决定以氪 86 橘红色光波,即氪 86 的核外电子从 $^2P_{10}$ 能级跃迁到 $^5D_5$ 能级所对应辐射波长的 1 650 763.73 倍作为一个标准米。其精确程度可以达到 0.001 μm,约相当于一根头发丝直径的十万分之一。

1983 年,第十七届国际计量大会重新定义了米长度,规定光在真空中 299 792 458 分之一秒所走的距离为一个标准米。

3) 游标尺

据记载,我国最早的游标尺是 1900 多年前新莽时期的铜卡尺,它的原理、性能、用途同现代的游标尺十分相似,但比西方科学家制成的游标尺早 1700 多年。图 1-15 所示的铜卡尺是 1992 年在扬州市邗江县甘泉乡的一座汉墓中出土的。此铜尺的固定尺长 13.3 cm,下端有两个固定卡爪,用于夹紧物体进行测量。固定尺上端有鱼形

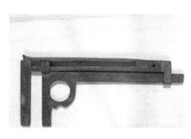

图 1-15　东汉铜卡尺

柄,长 13 cm,中间开一导槽,槽内置一能旋转调节的导销,循着导槽左右移动。用此量具既可测物体的直径,又可测其深度以及长、宽、厚。东汉原始铜卡尺的出土,纠正了过去认为游标尺是欧美科学家发明的观念。(1973 年出版的《英国百科全书》中记述游标尺是法国数学家维尼尔·皮在 1631 年发明的。)

游标尺是现代工业中不可缺少的测量长度的工具之一,为了满足工程测量中的各类需要,人们设计了各种类型规格的游标尺,如高度游标尺、深度游标尺、齿厚游标尺等。图 1-16 为弧形游标尺,可用于测量弧长或角度,其原理与直游标尺基本相同;图 1-17 为带表游标尺,通过机械传动系统,将两测量爪相对移动转变为指

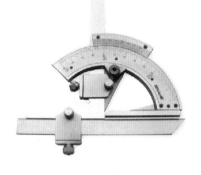

图 1-16　弧形游标尺

示表指针的回转运动,并借助尺身刻度和指示表,对两测量爪相对移动所分隔的距离进行读数;图 1-18 为数显游标尺,主要由尺体、传感器、控制运算部分和数字显示部分组成,具有读数直观、使用方便、功能多样的特点。

图 1-17　带表游标尺

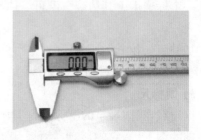

图 1-18　数显游标尺

4) 螺旋测微器

螺旋测微器可估读到 0.001 mm,故又名千分尺。改变其测量面形状和尺架等就可以制成不同用途的螺旋测微器。例如:小头外径螺旋测微器,适用于测量钟表等精密零件;壁厚螺旋测微器,适用于测量管材壁厚的外径;大尺寸螺旋测微器,其特点是可更换测砧或可调整测杠。

目前常用的还有数显螺旋测微器,如图 1-19 所示,主要用于外径测量。

图 1-19　数显螺旋测微器

实验二

硬币起飞——流体力学研究

1. 知识介绍

　　流体包括液体和气体,与固体的区别在于易变形、易流动。生活中最常见的两种流体为大气和水,大气包围着整个地球,水覆盖了地球表面的 70%。此外还有地球深处的熔浆、地下的石油、含泥沙的江水、人体内的血液、超高压的金属和高温条件下的等离子体等,这些都是流体。

　　流体力学作为力学的一个分支,是在生产实践以及认识自然的过程中逐步发展起来的。它是在经典力学建立了速度、加速度、力、流场等概念后,在质量、动量、能量三个守恒定律的基础上,逐步形成的一门严谨、独立的学科。它主要研究在各种力的作用下,流体本身的运动状态,以及流体和固体壁面间、流体和流体间、流体与其他运动形态之间的相互作用和流动规律。流体力学在生产实践、科学研究及工程设计中具有重要的应用价值,例如气象、水利的研究,船舶设计、飞机设计等均离不开流体力学的相关知识。

　　最早对流体力学学科的形成作出贡献的是古希腊的阿基米德(约公元前 287 年—公元前 212 年),他建立了包括浮力定律和浮体稳定性在内的液体平衡理论,奠定了流体静力学的基础。此后一千多年,流体力学停滞不前,直到 15 世纪,意大利达·芬奇重新发现了液体压力的概念,并提出了连通器原理。17 世纪,力学奠基人牛顿(图 2-1)研究了物体在流体中运动所受到的阻力,发现阻力与流体密度、物体迎流截面积以及运动速度的平方成正比。并针对黏性流体运动时的内摩擦力提出了牛顿黏性定律。之后,法国物理学家帕斯卡阐明了静止流体中压力的概念,制作了水银气压计;法国皮托发明了测量气流总压和静压以确定气流速度的皮托管;达朗贝尔证实了阻力同物体运动速度之间的平方关系。

图 2-1　牛顿

1726 年,瑞士科学家丹尼尔·伯努利提出了著名的伯努利方程:动能+重力势能+压力势能=常数,其实质是流体的机械能守恒。1755 年,瑞士数学家欧拉在《流体运动的一般原理》一书中提出了欧拉方程,他对无黏性流体微团应用牛顿第二定律得到了运动微分方程。欧拉方程和伯努利方程的建立,是流体动力学作为一个分支学科建立的标志,从此开始了用微分方程和实验测量对流体运动进行定量研究的阶段。

1904 年至 1921 年,德国物理学家普朗特(图 2-2)将欧拉方程作了简化,并从推理、数学论证和实验测量等各个角度,建立了边界层理论,计算了简单情形下的边界层内流动状态和流体同固体间的黏性力。他还开创性地提出了风洞实验技术、机翼的举力线和举力面理论;提出了普朗特-葛劳渥法则;提出的超声速喷管设计方法等许多新概念,被广泛应用于飞机和汽轮机的设计。机翼理论和边界层理论的建立和发展是流体力学的一次重大进展,普朗特因此被称为"现代流体力学之父"。

图 2-2 普朗特

从阿基米德到现在的两千多年,特别是 20 世纪以来,流体力学已发展成为基础科学体系的一部分,同时也在工业、农业、交通运输、天文学、地学、生物学、医学等方面得到了广泛应用,这些应用进一步促进了流体力学在实验和理论分析方面的发展,并形成了许多的分支。例如渗流力学研究流体在多孔或缝隙介质中的运动,主要应用于石油和天然气的开采以及地下水的开发利用;物理-化学流体动力学主要研究有化学反应和热能变化的流体力学的相关问题;电磁流体力学研究等离子体在磁场作用下的特殊运动规律;环境流体力学研究流体本身的运动及其生物间的相互作用;生物流变学研究人体血液在血管中的流动,以及心、肺、肾中的生理流体运动等。

2. 实验目的

1) 了解伯努利方程;
2) 观察硬币起飞的现象并讨论;
3) 观察分析乒乓球的运动情况。

3. 实验原理

伯努利方程是理想流体稳定流动的动力学方程,它描述在忽略黏性损失的流体运动过程中,流线上任意两点的压力势能、动能与位势能之和保持不变,因著名的瑞士科学家丹尼尔·伯努利于1738年提出而得名。

式(2-1)为伯努利方程表达形式,式中 ρ 为流体密度, v 为流速, p 为压强, h 为高度, g 为重力加速度。

$$\rho\frac{v^2}{2} + p + \rho gh = 常量 \tag{2-1}$$

如果流体在同一高度上,或在流体中高度差效应不显著的情况下,流体的流速与压强关系变为:

$$\rho\frac{v^2}{2} + p = 常量 \tag{2-2}$$

由此可得,在同一水平面内,流体运动速度越大,压强越小;流体运动速度越小,压强越大。例如,机翼的上表面设计为弧形,下表面是平的,机翼的横切面类似一个半圆形。当飞机在天上高速飞行时,如图2-3所示,经过机翼上方的空气速度大于经过机翼下方的空气速度,则机翼上方的气压会降低,速度越快,气压越低。因此机翼下方的气压大于机翼上方的气压,从而产生一个向上的推力,当该推力等于飞机的重力时,飞机就能够平稳飞行。

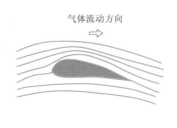

气体流动方向

图 2-3 环绕机翼的气流

"硬币起飞"的实验原理可通过伯努利方程来描述。对着桌面上的硬币吹气时,硬币上面的气流快速流动,由于硬币下面的空气保持静止,即流速为零,小于硬币上面的流速,所以硬币上面的压强小于硬币下面的压强,给硬币一个上升的动力。若要使硬币飞起来,由式(2-2)可推导出吹过硬币上部的空气速度 v 应满足:

$$v > \sqrt{\frac{2mg}{S\rho}} \tag{2-3}$$

式中, m 为硬币的质量, g 为重力加速度(可取 $9.794\ \mathrm{m/s^2}$), S 为硬币上表面的面积。 ρ 为空气的密度(在常温下可取 $1.2\ \mathrm{kg/m^3}$)。

4. 实验仪器

　　J2126-2 型气源（如图 2-4 所示），带有硬塑料管和小喇叭的送气管各一根，控制送气量的塑料板一张。

　　电子天平（如图 2-5 所示）

　　其他：不同面值的硬币若干，乒乓球三个，烧杯及底座一套。

　　　图 2-4　气泵装置　　　　　　　　　　图 2-5　电子天平

5. 注意事项

　　1）实验中，需要使用气泵时才能开启气泵电源，用完后请立即关闭气泵电源，以防气泵长时间运作发热，损坏电机。

　　2）实验结束后，硬币请放回盒子，不要带走。

　　3）电子天平应在无风、无震动的环境中使用。

　　4）称量时防止任何液体渗漏进电子天平的内部。

6. 实验内容

1）"硬币起飞"

- 用电子天平称出各种面值硬币的质量 m。
- 用游标尺测出以上硬币的直径 d，算出面积 S。（关于游标尺的使用方法请参阅实验一。）
- 将硬币的质量 m 和面积 S 代入公式(2-3)计算出各种面值硬币所对应的吹气速度的最低极限。

- 将硬币放在桌子的边缘,在离硬币约20 cm处放置倾斜的烧杯,如图 2-6 所示。

- 尽量靠近硬币吹气,观察实验现象,并讨论吹气的方向与硬币成什么角度时起飞效果最好。根据吹起硬币的情况,估算你的吹气极限速度,并完成表格 2-1 的内容。

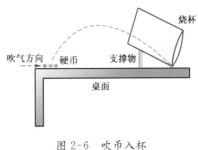

图 2-6 吹币入杯

表 2-1 硬币起飞

取 $g=9.794 \text{ m/s}^2$ $\rho=1.2 \text{ kg/m}^3$

硬币面值	$d(10^{-3}\text{m})$	$m(10^{-3}\text{kg})$	$S(10^{-6}\text{m}^2)$	$v \geqslant \sqrt{\dfrac{2mg}{S\rho}}$ (m/s)
壹角				
贰分				
伍分				
伍角				
壹圆				

你吹气的最大速度为 _____ 。

2) 气泵托乒乓球

- 将塑料管套在气泵的气嘴上,打开气泵开关,气泵通过塑料管向上吹气,设法稳定地托起一个乒乓球。用笔在水平方向轻轻拨动乒乓球,使乒乓球水平偏移 2 cm 左右,然后移开铅笔,观察乒乓球是否会掉下,试用伯努利方程分析其原因。能不能托起更多的乒乓球?你最多能托起几个乒乓球?托起多长时间?

- 倾斜塑料吹气管,看乒乓球是否会掉下。通过实验估计最大的倾斜角为多少?分析原因。用实验室提供的塑料板插入塑料管下方的缝隙处,改变塑料吹气管口的大小,看看倾斜角度是否有变化,为什么?请画出塑料吹气管倾斜时乒乓球受力情况分析图。完成表格 2-2。

表 2-2 气泵托乒乓球

现象	托起一个乒乓球	最多能托起____个乒乓球,托起时间为_____s	倾斜角度为_____
原因分析			
受力图			

- 给上述实验中气泵的塑料管套上喇叭口,喇叭口向下,打开气泵,气体通

过喇叭口吹出。在喇叭口下放乒乓球,观察乒乓球分别在什么情况下被吹走、被"吸住"? 用伯努利方程分析原因,画出乒乓球受力分析图并完成表 2-3 的内容。

表 2-3　气泵托乒乓球(喇叭口向下)

现象	乒乓球被吸住	乒乓球被吹走
出现条件		
原因分析		

7. 思考观察

1) 在两张纸中间吹气,这两张纸会被吹得相互分开还是相互靠拢,为什么?

2) 用纸折一个屋顶,用砝码固定在两木块之间(图 2-7),将气泵出风口放到屋顶下,打开气泵电源,屋顶会有什么变化? 为什么?

3) 为什么平行行驶的两艘船不能靠得太近? 为什么火车驶过时,在月台上的人不可离铁轨太近?

4) 用有孔纽扣代替硬币是否可以吹起? 为什么?

5) 用伯努利方程解释喷雾器原理(图 2-8)。

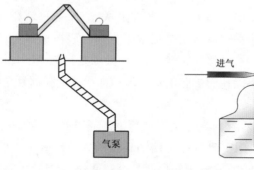

图 2-7　实验示意图　　　　图 2-8　喷雾器

8. 拓展阅读

1) 丹尼尔·伯努利(图 2-9)

丹尼尔·伯努利(Daniel Bernoulli,1700—1782),瑞士物理学家、数学家、医学家。他曾在海得尔贝格、斯脱思堡和巴塞尔等大学学习哲学、伦理学、医学。1721 年取得医学硕士学位。1725 应聘为圣彼得堡科学院的数学院士。8 年后回到瑞士的巴塞尔,先任解剖学教授,后任动力学教授,1750 年成为物理学教授。在 1725—1749 年间,伯努利曾十次荣获法国科学院的年度奖。

1726 年,伯努利通过无数次实验,发现了"边界层表面效应":流体速度加快时,物体与流体接触的界面上的压力会减小,反之压力会增加,这一发现被称为"伯努利效应"。1738 年他出版了《流体动力学》一书,共 13 章,这是他最重要的著作。书中用能量守恒定律解决流体的流动问题,写出了流体动力学的基本方程,即伯努利方程。1741—1743

图 2-9　丹尼尔·伯努利

年,他研究弹性弦的横向振动问题,在 1762 年提出声音在空气中的传播规律。他的论著还涉及天文学、地球引力、潮汐、磁学、振动理论、船体航行的稳定和生理学等。

2）乒乓球运动中的弧圈球

在高水平的乒乓球赛事上,经常看见运动员拉出的球以很低的状态过网,过网后碰到台面后,根本不往上蹦,而是像"扎猛子"一样,一头扎下去的奇特现象。这是为什么呢?

这种球被称为"弧圈球",是一种强烈的上旋球,特点是既有强大的攻击力又有很强的稳定性。旋转球和不转球的飞行轨迹不同,在相同的条件下,上旋球比不转球的飞行弧度要低,下旋球正好相反,这是因为球的周围空气流动情况不同造成的。

乒乓球在空气中高速旋转时,乒乓球表面的空气随球一起旋转,形成一层薄薄的流动层,称作环流层的气流。该层流相对于乒乓球具有一定的速度,且流动方向与球的运动方向相反。乒乓球被拉成强烈的上旋球以后,球上方的环流层和层流的流动方向相反,起到相互抵消的作用,使球上方的气流速度较小。根据伯努利原理"流速大压强小,流速小压强大",乒乓球上方的气流对球的压力大,乒乓球下方的气流对球的压力小,因此球的运动弧线变低,如图 2-10 所示。足球运动中的"香蕉球"其实也是同样的道理,如图 2-11 所示。

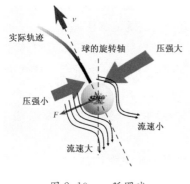

图 2-10　弧圈球

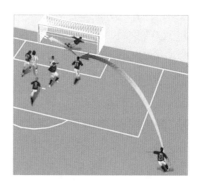

图 2-11　"香蕉球"示意图

实验三

了解薄透镜成像规律

1. 知识介绍

透镜是一种将光线聚合或分散的光学元件,通常是由玻璃、水晶、塑料等透明材料构成,日常生活中使用的放大镜、眼镜都是透镜。透镜分两类,中间厚边缘薄的叫凸透镜,中间薄边缘厚的叫凹透镜。

人类使用透镜的历史比较悠久,有关透镜的文字记载,最早是古希腊的 Aristophanes 在公元前 424 年提到了烧玻璃(即利用凸透镜汇聚太阳光来点火);古罗马作家、科学家老普林尼(23 年—79 年)用文字叙述了尼禄曾利用绿宝石(类似于矫正近视的凹透镜)观看格斗比赛;古罗马哲学家塞涅卡也曾记述了一个著名的历史传说,相传古希腊科学家阿基米德在古罗马人侵略叙拉古的时候,用一个巨型凸透镜成功地点燃并烧毁了古罗马人的战船。我国古代曾有过"以珠取火"之说,文献记载最早见于《管子·侈靡》篇:"珠者,阴之阳也,故胜火。"(原注:珠生于水,而有光鉴,故为阴之阳。以向日则火烽,故胜火)。西汉(公元前 206—公元 25 年)《淮南万毕术》中记载:"削冰令圆,举以向日,以艾承其影,则火生。""削冰令圆"指制作冰透镜;"以艾承其影"是指将易燃物艾放在其焦点上。其后,晋朝张华的《博物志》中也有类似记载。

随着科学技术的发展,透镜在工业、农业、航天、军事、矿业、能源、科学研究以及日常生活等各个方面都有着重要的应用。除了近视眼镜、老花眼镜、放大镜、照相机、投影仪等之外,还有最重要的两个应用——显微镜和望远镜。

有了显微镜,人类开始认识微观世界。显微镜是将微小物体或物体的微细部分高倍放大以便观察的仪器,广泛应用于工农业生产及科学研究。显微镜分光学显微镜和电子显微镜:光学显微镜以可见光为光源,在 1590 年由荷兰的杨森父子首创,现在的光学显微镜可把物体放大大约 2000 倍,分辨的最小极限达 $0.1\ \mu\mathrm{m}$ ($10^{-6}\mathrm{m}$)。

1934 年德国人鲁斯卡设计制造出第一台电子显微镜,大大推动了人类进行科学研究的进程。特别是 20 世纪 90 年代之后的电镜,除用于形态分析之外,已成为结合了各种元素分析、离子定位、元素浓度定量分析附件的多功能型仪器,通过与计算机联机,能进行图像分析、图像处理及远程图像传输与分析。其成像原理和光学显微镜相似,但采用电子射线来代替光波,电磁透镜组相当于光学显微镜中的聚光器、物镜及目镜系统。其性能远远超过了光学显微镜,分辨率目前可以达到 $1\text{Å}(10^{-10}\text{m})$,放大率已达到几十万倍以上,已经成为凝聚态物理、半导体电子技术、材料、化学、生物、地质等多学科的非常重要的研究手段。可以说,没有电子显微镜,就没有现代科学技术。

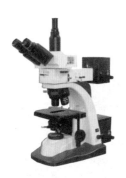
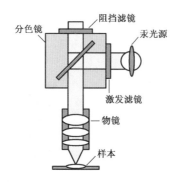

图 3-1　光学显微镜　　　图 3-2　光学显微镜构造示意图　　　图 3-3　光学显微镜下的雪花

　　电子显微镜包括透射电子显微镜(Transmission Electron Microscope,TEM)、扫描电子显微镜(Scanning Electron Microscope,SEM)、高分辨率的扫描透射电镜(High Resolution Scanning Transmission Electron Microscope,HRSTEM)、扫描隧道显微镜(Scanning Tunneling Microscope,STM)、原子力显微镜(Atomic Force Microscope,AFM)、激光扫描共聚焦显微镜(Laser Scanning Confocal Microscope,LSCM)等。其中透射电镜是应用最广泛的一种电子显微镜,通过电子束照射样品,电磁透镜收集穿透样品的电子,并放大成像,用以显示物体内部超微结构。它的分辨率可达 $0.2\text{ nm}(10^{-9}\text{m})$,放大倍数可达 40 万～100 万倍。

图 3-4　透射电子显微镜　　　图 3-5　透射电子显微镜下的晶格分布

透镜的应用除了使人类深入了解微观世界,也使人类不断改变对宏观世界的认识。天文望远镜就是观测天体的重要手段,可以毫不夸张地说,没有望远镜的诞生和发展,就没有现代天文学。将望远镜用于探索宇宙的奥秘,要归功于意大利科学家伽利略,1609年,伽利略制造出一架能提供30倍放大率的小型天文望远镜,利用它观测到了月球陨石坑、太阳黑子、木星的4颗卫星、土星环,并指出银河实际上是由许多恒星构成的。1672年,牛顿设计了利用凹透镜将光线聚集并反射到焦点上的反射望远镜,这种设计使望远镜的放大倍率达到了数百万倍,远远超过了折射望远镜所能达到的极限。1930年,德国天文学家施密特将折射望远镜和反射望远镜的优点(折射望远镜像差小,反射望远镜没有色差、造价低廉且反射镜可以造得很大)结合起来,制成了第一台折反射望远镜,是目前使用最广泛的天文望远镜。

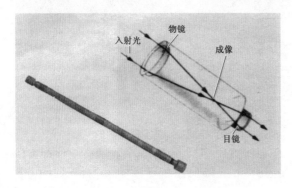

图 3-6 伽利略折射式望远镜

图 3-7 牛顿反射式望远镜

从第一架光学望远镜到射电望远镜诞生的三百多年中,光学望远镜一直是天文观测最重要的工具。随着望远镜在各方面性能的改进和提高,天文学也正经历着巨大的飞跃,迅速推进着人类对宇宙的认识。目前世界上功能最强的五大天文望远镜分别为凯克望远镜、哈勃太空望远镜、斯皮策太空望远镜、大型双筒望远镜和费米伽玛射线空间望远镜。其中哈勃太空望远镜隶属于美国宇航局(NASA)和欧洲航天局(ESO),发射于1990年,在距地面500 km的太空上进行观测,具有高灵敏度和高分辨能力,能看清距离40亿光年的物体。它全长12.8 m,镜筒直径4.27 m,由光学系统、科学仪器和辅助系统三大部分组成。哈勃太空望远镜在其20年的服役生涯中对太空中的2.5万个天体拍摄了50多万张照片,帮助测定了宇宙年龄,证实了主要星系中央都存在黑洞,发现了年轻恒星周围孕育行星的尘埃盘,提供了宇宙正加速膨胀的证据,并帮助确认了宇宙中存在暗能量,科学家根据其观测结果,撰写了7000多篇科学论文。

图3-9为哈勃望远镜传回的太空图片,千变万化的色彩和亮光仿佛来自于神的世界,被称之为"天国城市"、"上帝居住的地方"。哈勃太空望远镜给人类带来的

惊喜是人类迈向外太空的一个经典,而新一代的韦伯空间望远镜也将在2014年参加太空研究。韦伯空间望远镜在许多研究计划上的功能都远超过哈勃,但将只观测红外线,在光谱的可见光和紫外线领域内仍无法取代哈勃。

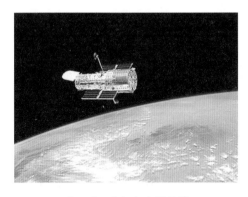 

图 3-8　哈勃太空望远镜　　　　图 3-9　哈勃望远镜传回的太空图片

尽管光学仪器的种类繁多,但透镜是其中最基本的光学元件。描述透镜的参数有许多,其中最重要的是透镜的焦距,利用不同焦距的透镜可以组成不同的光学仪器。因此要了解光学仪器的构造和正确的使用方法,必须先掌握透镜的成像规律,学会光路的分析和调节技术。

2. 实验目的

1) 了解薄透镜成像规律;
2) 学会简单光路的调节;
3) 测量出薄透镜的焦距。

3. 实验原理

发光物体通过透镜可以折射成像,对于透镜的厚度远小于焦距的薄透镜,在近轴光线(靠近光轴且与光轴夹角很小的光线)条件下,当物方和像方折射率相等时,薄透镜成像公式(亦称高斯公式)为

$$\frac{1}{p} + \frac{1}{p'} = \frac{1}{f} \tag{3-1}$$

式中,p 表示物距;p' 表示像距;f 为透镜的焦距。

1) 凸透镜成像规律

凸透镜对光线有会聚作用。平行光线通过凸球面透镜发生偏折后,光线会聚,

能形成实焦点。

- 物体位于无穷远处时,成像于透镜异侧焦点处。
- 物体位于凸透镜两倍焦距之外时,在透镜异侧一倍焦距和两倍焦距之间成缩小的倒立的实像,如照相机。
- 物体位于凸透镜两倍焦距时,在透镜异侧两倍焦距处成等大的倒立的实像。
- 物体位于凸透镜一倍焦距和两倍焦距之间时,在透镜异侧两倍焦距之外成放大的倒立实像,如幻灯机、投影仪。
- 物体位于凸透镜焦点位置时,在透镜异侧无穷远处成像,如探照灯。
- 物体位于凸透镜焦点以内时,成放大的正立虚像于透镜同侧焦距以外,该虚像虽不能用像屏接收,却可以用眼睛透过透镜看到,如放大镜。

由此,可作出通过凸透镜成像的三条特殊光线如下图所示:平行于主轴入射的光线其出射光线经过焦点;通过光心入射的光线出射方向不变;通过焦点入射的光线其出射光线平行于主轴。

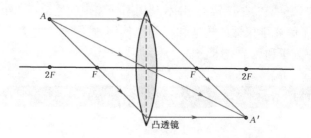

图 3-10　凸透镜成像的三条特殊光线

2) 凹透镜成像规律

凹透镜对光有发散作用。平行光线通过凹球面透镜发生偏折后,光线发散,成为发散光线,不可能形成实焦点,沿着散开光线的反向延长线,在入射光线的同一侧交于 F 点,形成的是一虚焦点。

- 当物体为实物时,在透镜同侧成缩小的正立的虚像。
- 当物体为虚物,且虚物到凹透镜的距离为一倍焦距以内时,在透镜同侧成放大的正立的实像。
- 当物体为虚物,且虚物到凹透镜的距离为一倍焦距时,成像于无穷远处。
- 当物体为虚物,且虚物到凹透镜的距离为一倍焦距以外两倍焦距以内时,在透镜异侧成放大的倒立的虚像。
- 当物体为虚物,且虚物到凹透镜的距离为两倍焦距时,在透镜异侧成等大的倒立的虚像。

● 当物体为虚物,且虚物到凹透镜的距离为两倍焦距以外时,在透镜异侧成缩小的倒立的虚像。

凹透镜成像的几何作图与凸透镜成像的原则相同。从物体的顶端作两条直线:一条平行于主光轴,经过凹透镜后偏折为发散光线,该折射光线的反向延长线通过焦点;另一条通过透镜的光学中心点,这两条直线相交于一点,此为物体的像。凹透镜成像的三条特殊光线如下:

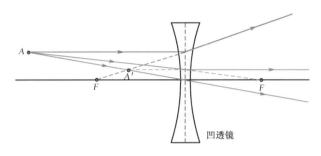

图 3-11　凹透镜成像的三条特殊光线

4. 实验仪器

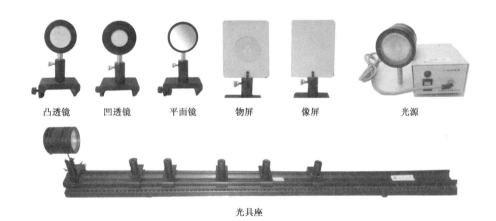

凸透镜　　凹透镜　　平面镜　　物屏　　像屏　　光源

光具座

5. 注意事项

1) 不要用手触摸透镜的光学元件表面,若透镜的光学表面有污痕,要用特制的镜头纸或吹气球拂去。

2) 光学元件易损,使用时要轻拿轻放,切勿挤压、碰撞。实验完毕,将光学元件按原样放好。

3）光具座导轨面必须保持清洁，防止碰伤导轨面，禁止在导轨上放置重物，以免引起导轨变形。

4）数据测量前，需要调节光具座上光学元件的共轴等高。

所谓光学元件的共轴，指各透镜的光轴以及其他光学元件中心重合一致，物面、屏面垂直于光轴，光轴与带有刻度的导轨平行。共轴调好了，可使光线为近轴光线，减小像差，否则会造成成像质量低，甚至光路不通。

- 粗调：将透镜、物屏、像屏等装在光具座上，先将它们靠拢，调节其高低和左右位置，使其中心在一条与光具座大致平行的直线上，并使透镜、物屏、像屏的平面互相平行且垂直于光具座。

- 细调：可在粗调基础上利用两次成像法测凸透镜焦距的实验光路，沿光轴移动凸透镜，在像屏上分别得到放大和缩小的实像，若经过细致调节，使得两次成像相应的像点位置重合，则说明系统各光学元件已基本共轴等高。

- 如光学系统有多个透镜，则应先调好一个透镜的共轴，不再变动，再根据光轴上物点的像总在光轴上的道理，逐个加入其余透镜，使它们与调好的系统光轴一致。

5）为减小实验中的误差，在实际测量中可考虑以下两个措施：

- 为消除透镜光心与光具座刻度平面错位而引入的误差，可将透镜转动180°进行测量，取两次结果的平均值。

- 像屏在像点附近小范围移动时，人眼无法判断何时所见的像为最清晰的。为了减小误差，建议采用左右逼近法确定成像位置，即将像屏或透镜自左至右移动（左逼近）确定清晰像点位置，再将像屏或透镜自右至左移动（右逼近）确定清晰像点的位置，取两次位置的平均值作为成像的位置。

6）注意判断消除"假像"。

实验过程中，往往由于光路中的某些因素而导致一些"假像"出现，要注意观察分析、去伪存真。如平面镜反射法测凸透镜焦距时，可发现透镜能在两个不同位置使物平面上出现清晰像，两像之中，有一个是由透镜后表面反射而得，并非来自平面反射镜的反射。挡住平面反射镜，便可确认两者之中何为"假像"。

6. 实验内容

1）用平面镜反射法测量薄凸透镜焦距

如图3-12所示，将平面反射镜 M 和物屏 S 分别置于凸透镜的两侧，当移动物屏到某一位置时,物屏上 A 点所发出的光经透镜折射、平面镜反射,再经透镜折射后,在物平面上形成一个等大的倒立的实像 A',那么此时物屏正好位于凸透镜的焦平面上,即物平面与透镜之间的距离即为凸透镜的焦距。

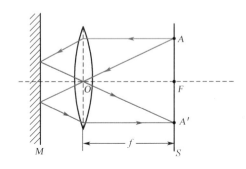

图 3-12　平面镜反射法测薄凸透镜焦距　　　图 3-13　物屏(像屏)上成像示意图

分别读出物屏与透镜在光具座上的位置(请注意有效数字),填入表 3-1,即可得出凸透镜的焦距 f 。

表 3-1　平面反射镜法测凸透镜焦距　　　　　　　　单位:cm

		测量次数		
		第 1 次	第 2 次	第 3 次
物屏位置 x_1				
成像清晰时透镜位置	左逼近 $x_左$			
	右逼近 $x_右$			
	$x_2 = \dfrac{x_左 + x_右}{2}$			
凸透镜焦距	$f = \| x_1 - x_2 \|$			
	求平均 $\overline{f}$			

2) 用物距像距法测凸透镜焦距

固定凸透镜,将物屏放在光具座上距离透镜一倍焦距以外处,调节像屏获得清晰的像,测出透镜中心至物屏、像屏之间的距离,即测出物距 p、像距 p',利用薄透镜成像公式(3-1)计算出凸透镜的焦距 f。相关数据填入表 3-2。

表 3-2　　物距像距法测凸透镜焦距　　　　　　　　　单位：cm

凸透镜位置 x_2					
物屏位置 x_1		成倒立缩小实像		成倒立放大实像	
像屏位置	$x_左$、$x_右$	左逼近	右逼近	左逼近	右逼近
	$x_3 = \dfrac{x_左 + x_右}{2}$				
物距 $p = \mid x_2 - x_1 \mid$					
像距 $p' = \mid x_3 - x_2 \mid$					
凸透镜焦距	$f = \dfrac{pp'}{p + p'}$				
	求平均 $\overline{f}$				

3）用两次成像法测量凸透镜的焦距

固定物体与像屏，当物体与像屏之间的距离大于四倍凸透镜焦距（$l > 4f$）时，凸透镜在它们之间移动，在像屏上将会得到一次放大的和一次缩小的实像。

如图 3-14 所示，设 l 为物体与像屏的距离，d 为前后两次成像时凸透镜移动的距离，x 为成放大实像时的物距。将两次成像的物距、像距和焦距代入薄透镜成像公式（3-1），即

$$\frac{1}{f} = \frac{1}{x} + \frac{1}{l - x} \tag{3-2}$$

$$\frac{1}{f} = \frac{1}{x + d} + \frac{1}{l - d - x} \tag{3-3}$$

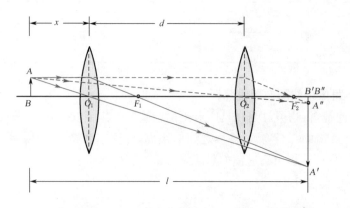

图 3-14　两次成像法测凸透镜焦距

可得凸透镜焦距为：

$$f = \frac{l^2 - d^2}{4l} \qquad (3\text{-}4)$$

将相关数据填入表 3-3，并计算出凸透镜焦距。

表 3-3　两次成像法测凸透镜焦距　　　　　　　　单位：cm

		测量次数	
		第 1 次	第 2 次	第 3 次
物屏位置 x_1				
像屏位置 x_2				
物屏与像屏间距 $l = \mid x_2 - x_1 \mid$				
透镜两次成像位置	O_1			
	O_2			
透镜两次成像间距 $d = \mid O_2 - O_1 \mid$				
凸透镜焦距	$f = \dfrac{l^2 - d^2}{4l}$			
	求平均 $\overline{f}$			

4）用平面镜法测量凹透镜焦距

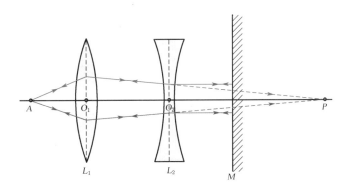

图 3-15　平面镜法测凹透镜焦距

凹透镜是发散透镜，实物放在任何位置通过凹透镜后都成一个正立缩小的虚像，而虚像无法用像屏接收，为了测量凹透镜的焦距，可通过凸透镜辅助成像。

如图（3-15）所示，首先利用凸透镜 L_1 成像。固定物屏，物屏上的 A 点通过凸透镜 L_1 在像屏上成一缩小的倒立的实像 A'，记录像屏所在位置 P。在像屏左边放上平面镜,然后将像屏移走。在平面镜与凸透镜 L_1 之间放入待测凹透镜 L_2,在导轨上移动凹透镜 L_2 的位置,当凹透镜 L_2 与 P 之间的距离等于凹透镜的焦距时,经过凸透镜 L_1 折射后的光线通过凹透镜的焦点,该光线经过凹透镜 L_2 折射后将平行出射至平面镜。根据光路的可逆性,平面镜将这束平行光反射回原处,在物屏上将会出现一个与 A 等大的倒立的实像。

表 3-4　平面镜法测量薄凹透镜焦距　　　　　　　　　　　　单位:cm

		测量次数		
		第 1 次	第 2 次	第 3 次
凸透镜成像位置 P				
凹透镜位置 O_2				
凹透镜焦距	$f_{凹} = \| P - O_2 \|$			
	求平均 $\overline{f}$			

7. 分析思考

1) 如何快速分辨凸透镜和凹透镜?

2) 两次成像法测量凸透镜焦距时,为什么必须满足物体与像屏的距离大于四倍凸透镜焦距($l > 4f$)的条件?

3) 比较测量凸透镜焦距的实验方法,它们各有什么优缺点?

4) 可利用凸透镜的辅助成像,以物距像距法来测凹透镜的焦距,光路图如下。试分析其原理,并设计数据表格。

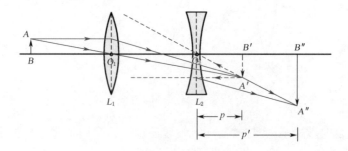

图 3-16　物距像距法测凹透镜的焦距

8. 拓展阅读

1）眼睛

从几何光学的角度而言，人眼是一个复杂的多界面共轴光学系统，光线入射人眼至视网膜之前，必须先经过巩膜、角膜、水样液、虹膜、晶状体和玻璃体等介质，光线在各个界面上都会发生折射与反射。因此对眼睛的精确计算是比较困难的，实际计算中常采用简化眼模型进行近似处理，将眼睛看成是单球面折射系统，认为眼睛只由一种介质组成，其折射率为1.33。作为一个精巧的变焦系统，当物距改变时，眼睛通过改变晶状体的弯曲程度来改变焦距，当晶状体较扁平时，眼睛的焦距变大，可以看清远处的物体；当晶状体较扁凸时，眼睛的焦距变小，可以看清近处的物体。

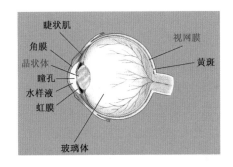

图 3-17　眼睛的构造示意图

当晶状体弯曲程度无法进行自如的自我调节，不能成像至视网膜，即发生近视或远视时，可以通过凹透镜或凸透镜进行辅助调节。

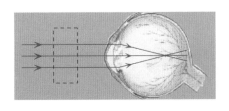

图 3-18　凹透镜辅助调节前

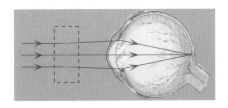

图 3-19　凹透镜辅助调节后

如图 3-18、图 3-19 所示，远处物体所发出的光线近似以平行光入射，成像在视网膜的前方，即发生了近视现象，通过配戴凹透镜，使入射光线在到达晶状体之前被适度发散，再经过晶状体的会聚作用，使成像在视网膜上。同样的，当发生远视现象，即成像在视网膜的后方时，可以通过配戴凸透镜，使入射光线适度会聚，这样经过晶状体后，能成像在视网膜上（如图 3-20、图 3-21 所示）。

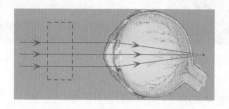 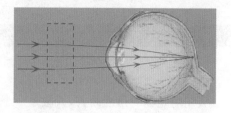

图 3-20　凸透镜辅助调节前　　　　　　　图 3-21　凸透镜辅助调节后

2)"猫眼"

靠近防盗门上的"猫眼",室内的人可以清楚地看到室外的"缩小"的人和景物,而室外的人无论靠近还是远离"猫眼"都看不清室内的景象。拆开一个"猫眼",可以发现它由四个透镜组成,从外到里分别是三个靠得很近的凹透镜和一个相距较远的凸透镜。三个靠近的凹透镜等效为一个焦距很短的凹透镜,称为物镜;凸透镜称为目镜。物镜和目镜的距离("猫眼"的长度)约为 3 cm,安装在防盗门上的圆形小孔内(门的厚度约为 4 cm)。

当我们从门内向外看时,物镜 L_1 是凹透镜,目镜 L_2 是凸透镜(光路如图 3-22)。物镜 L_1 的焦距极短,室外的人或物 AB 一般在 L_1 焦点之外,其上发出的光经过 L_1 折射成发散光线,发散光线的反向延长线相交成一个缩得很小的正立虚像 $A'B'$,此像正好落在目镜 L_2 的焦点之内,L_2 起着放大镜的作用,所以经 L_2 折射后,折射光线的反向延长线相交,最后得到一个较 $A'B'$ 稍微放大的正立虚像 $A''B''$(该像比实际景物小),当人在室内眼睛靠近"猫眼"观察时,$A''B''$ 正好呈现在正常人眼的明视距离附近。因此,室内的人通过"猫眼"就能洞察门外的景象。当室外的人或物 AB 在 L_1 焦点之内时,从室内将看到正立的放大的像。同学们不妨一试,打开房门,眼睛从门内的"猫眼"看出去,同时将一只手伸到门外的"猫眼"前,当手离"猫眼"较远时,你可以看到缩小的手,当手离"猫眼"很近时,可以看到放大的手指,甚至指纹清晰。

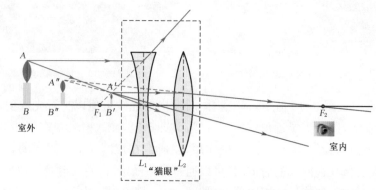

图 3-22　"猫眼"成像原理(室内看室外)

当我们从门外向里看时,凹透镜 L_1 变成了目镜,凸透镜 L_2 则成了物镜(光路如图 3-23)。室内的景物 AB 发出的光,通过凸透镜 L_2 折射后,会聚的折射光线本应相交生成一个倒立的缩小的实像 $A'B'$,但是在尚未成像之前就落到发散的凹透镜 L_1 上,由于 L_1 焦距极短,对光线起发散作用,所以经 L_1 折射后,其发散的折射光线的反向延长线相交成正立缩小虚像 $A''B''$,成在目镜 L_1 的右侧 2~3 cm。当人在室外贴近"猫眼"的目镜 L_1 察看时,人眼与像之间的距离也只不过 3~4 cm,这个距离远小于正常人眼的近点(约 10 cm),因此不能看清景物。

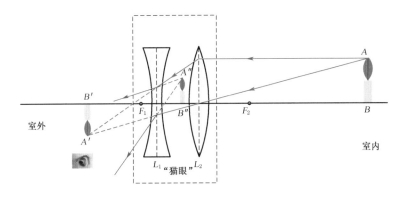

图 3-23　"猫眼"成像原理(室外看室内)

3) 望远镜

望远镜不仅仅包括工作在可见光波段的光学望远镜,还包括射电、红外、紫外、X 射线,甚至 γ 射线望远镜,这里以手持望远镜为例简单介绍一点光学望远镜的知识。当我们拿到一只望远镜时,会注意到上面标注出的规格,$A \times B$,其中 A 是放大倍数,B 是望远镜的口径大小。这两个指标决定了望远镜的规格,也是最重要的参数。

望远镜的放大倍数不是越大越好,实践证明最适合手持观察的望远镜倍数应该是 6~10 倍。高倍望远镜在技术上无难点,但是高倍数会带来很多负面影响。首先是亮度,倍数越高,物体的表面亮度会越差。其次,手持望远镜会有轻微的抖动,这种轻微的抖动被放大以后会变得非常明显。在 10 倍以上时,图像的抖动及亮度降低会使得人眼不能充分分辨图像的细节。近些年,国外出现了采取电磁稳定技术"稳"住图像的防抖动望远镜,使得手持望远镜也可以做高倍观察,但这种望远镜的价格都很高,体积重量也要大一些,所以应用不是很广。

望远镜的口径是望远镜最重要的参数之一,望远镜的口径越大,理论分辨率会越高(但是要注意,一般手持望远镜达不到理论分辨率,其实际分辨率取决于望远镜的光学质量),聚光能力越高(相同倍数时亮度更高),但同时望远镜的体积和重量会越大,价格也会更高,手持望远镜的口径一般都在 20～50 mm。

望远镜口径除以倍数的数值叫做望远镜的出瞳直径,也就是望远镜从目镜出射的光束的直径。这个数值一般不标在望远镜上面,但是可以很容易算出。同时也可以直接测量,把望远镜目镜冲着自己,物镜对着亮处,目镜离开自己一定距离,这时可以看到一个亮圆斑,这个圆斑的直径就是望远镜的出瞳直径,如果不是很圆有切边说明棱镜不好或者不够大。

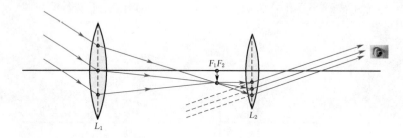

图 3-24　望远镜的成像原理

我们也可以利用实验仪器,制作简易的望远镜。根据目视光学仪器的要求,望远镜所成的像应该位于无限远处,而望远镜要观察的物体在很远的地方也可以看成是无限远,因此,望远镜应该是一个把无限远物体成像在无限远的光学系统。根据透镜的成像性质,采用一个具有一定焦距的透镜组不能满足望远系统的要求,要有两个透镜才能实现。

这两个透镜组中第二个透镜组 L_2(作为目镜)的物方焦平面与第一个透镜组 L_1(作为物镜)的像方焦平面重合,这样通过物镜,无穷远处的物体成像在像方焦平面上,同时该像又作为目镜的物,通过目镜成像在无穷远处。这时望远镜作为一个联合光具组是没有焦点的,即它是一个望远系统。

实验四

干涉法测微小量

1. 知识介绍

上帝说:"要有光",于是就有了光。但是,光究竟是什么? 或者说光是由什么组成的? 这一直是人们十分关心和热衷探讨的问题。光的波动说与微粒说之争从17世纪初开始,至20世纪初以光的波粒二象性告终,前后共三百多年的时间。

英国物理学家、数学家和天文学家牛顿(Isaac Newton,1642—1727)提出了光的"微粒说"。他认为,光是由一颗颗像小弹丸一样的机械微粒所组成的粒子流,发光物体接连不断地向周围空间发射高速直线飞行的光粒子流,一旦这些光粒子进入人的眼睛,冲击视网膜,就引起了视觉。微粒说轻而易举地解释了光的直进、反射和折射等常见的光学现象,所以很快获得了人们的承认和支持。

图 4-1　牛顿与惠更斯

但是,微粒说不是"万能"的,它无法解释几束在空间交叉的光线能彼此互不干扰地独立前行,无法解释光线并不是只能走直线,它还可以绕过障碍物的边缘拐弯传播等。为了解释这些现象,和牛顿同时代的荷兰物理学家惠更斯,提出了与微粒说相对立的波动说。他认为光是一种机械波,每个发光体的微粒把脉冲传给邻近一种弥漫媒质("以太")微粒,每个受激微粒都变成一个球形子波的中心。惠更斯用波动说不但解释了以上疑问,还在此基础上用作图法解释了光的反射和折射现象。

从此，牛顿的"微粒说"与惠更斯的"波动说"构成了关于光的两大基本理论，并在长时间内展开了激烈的争议和探讨。

英国物理学家托马斯·杨（Thomas Young，1773—1829）对牛顿的光学理论产生了怀疑。他把光和声进行类比，因为二者在重叠后都有加强或减弱的现象，他认为光是在以太流中传播的弹性振动，以纵波形式传播。1801年，著名的杨氏双缝干涉实验，证明了光是一种波，并首次提出了光的干涉的概念和光的干涉定律。但随着光的偏振现象和偏振定律的发现，波动说陷入了困境，物理光学的研究朝着有利于微粒说的方向发展。

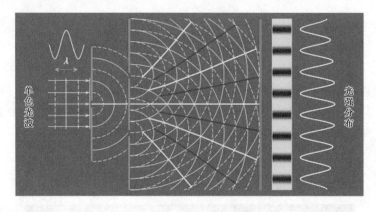

图 4-2　杨氏双缝干涉

1815年法国物理学家菲涅耳（Augustin-Jean Fresnel，1788—1827）试图复兴惠更斯的波动说，以杨氏理论为基础开始了他的研究。1819年，菲涅耳成功完成了由两个平面镜所产生的相干光源进行的光的干涉实验，继杨氏干涉实验之后再次证明了光的波动说。

英国物理学家麦克斯韦（James Clerk Maxwell，1831—1879）用四个方程完美解释了所有电磁学现象，并由此推断出电磁波的存在，建立了光的电磁理论。1887年，德国科学家赫兹（Heinrich Rudolf Hertz，1857—1894）用实验证实了电磁波的存在，并证明电磁波与光一样，能够产生反射、折射、干涉、衍射和偏振等现象。光的电磁说可以对以前发现的各种光学现象做出圆满的解释。除了光之外，无线电波、微波、红外线、紫外线、X射线、γ射线等都是电磁波，它们之间的区别仅在于频率不同而已。

按照麦克斯韦理论，真空中电磁波的速度（光速）应该是一个恒量，然而根据经典力学对光速的解释，不同惯性系中的光速不同。即电磁学对光速的解释与经典力学在相对性原理上相互之间产生了巨大的矛盾。德国科学家爱因斯坦

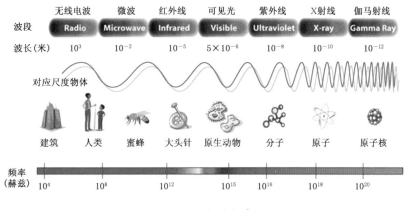

图 4-3　电磁波谱

(Albert Einstein,1879—1955)为了解决这一矛盾,进行了多年的探索和研究,提出了光量子论,完美结合了微粒说和波动说,他辩证地指出:"光——同时又是波,又是粒子,是连续的,又是不连续的。自然界喜欢矛盾……"。

　　1916 年美国物理学家罗伯特·密立根(Robert Andrews Millikan,1868—1953)发表了光电效应实验结果,验证了爱因斯坦的光量子论。1921 年美国物理学家康普顿(Arthur Holly Compton,1892—1962)在实验中证明了 X 射线的粒子性,其后他发表了 X 射线被电子散射所引起的频率变小现象,即康普顿效应,进一步证实了爱因斯坦的光子理论,揭示出光的波粒二象性。

　　关于光的本质的争论是物理学史上最为著名的论战之一,参与论战者几乎都是当时最权威或最聪明的物理学家,他们的争论对物理学有着极大的促进和发展。如关于以太是否存在的思考和经典电磁学的发展诞生了相对论,而关于粒子波动性的论证催生了量子力学,量子力学直接影响着现代人的生产和生活,如今几乎所有电器都要用到半导体等基于量子力学原理的器件,而这仅仅属于量子力学应用范畴中的极小部分。

　　本实验所观察的光的干涉现象表明了光的波动性,所用的牛顿环和劈尖是研究等厚干涉现象的基本装置。等厚干涉是薄膜干涉的一种,当薄膜层的上下表面有一很小的倾角时,从光源发出的光经上下表面反射后相遇产生干涉,在厚度相同的地方形成同一干涉条纹,这种干涉就是等厚干涉。由于不论何种干涉,相邻干涉条纹的光程差的改变都等于相干光的波长,因此,通过对干涉条纹数目或条纹移动数目的计量,可以得到以光的波长为单位的光程差,即干涉法可以测量微小量。

2. 实验目的

1）了解等厚干涉的原理；
2）掌握读数显微镜的调节和使用；
3）利用牛顿环测量透镜的曲率半径；
4）利用劈尖测量细金属丝的直径。

3. 实验原理

1）用牛顿环法测定透镜的曲率半径 *R*

牛顿环是等厚干涉的一个最典型的例子，最早由牛顿发现，但由于他主张微粒说，未能对它做出正确的解释。1675年牛顿对薄膜等厚干涉现象进行了研究，他将一曲率半径很大的平凸透镜放在平板玻璃上，在白光的照射下，出现了一组彩色的同心环状条纹，中心接触点为一暗点（如图4-4所示）。当用单色光照射时，则表现为一些明暗相间的圆环（如图4-5所示）。这些圆环的距离不等，随离中心点的距离的增加而逐渐变窄，即中心疏而边缘密。这就是牛顿环（Newton Ring）这个实验装置的由来。牛顿环装置常用来检验光学元件表面的准确度，判断透镜表面凸凹、测量透镜表面曲率半径和液体折射率等。

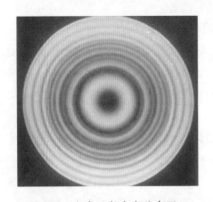

图4-4 白光照射产生的牛顿环

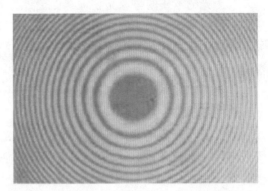

图4-5 单色光照射产生的牛顿环

牛顿环的构造如图4-6所示，凸透镜的凸球面和玻璃平板之间形成一个上表面是球面、下表面是平面的空气薄层。当垂直光照射时，入射光在空气膜的上下表面依次反射和折射，并在表面附近相遇，这两束光满足频率相同、相位差恒定、振动方向一致的条件，相互叠加而产生干涉，空气膜厚度相同的地方形成相同的干涉条纹,因而干涉图样是以接触点为中心的一系列明暗相间的同心圆环,即所谓牛顿环。

当单色光垂直入射牛顿环,入射到空气薄膜的上表面时有反射,光线同时还会继续向下透过透镜传到平板玻璃的上表面,那么在空气薄膜的下表面,也会有一束光反射出去。

设入射光波长为 λ,那么这两束光之间的光程差可用 $\Delta = 2d + \lambda/2$ 表示,其中,d 为对应的空气薄膜的厚度,$\lambda/2$ 是由于光束在上表面或下表面反射时半波损失所产生的附加光程差。上下薄膜表面的两束反射光,反射角度不一样,在某一个位置就会相交,这两束光满足干涉条件(两束光的频率相同、两束光的振动方向相同、相位差恒定),发生干涉。

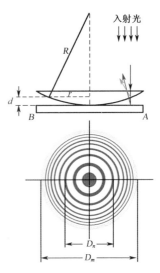

图 4-6 牛顿环原理示意图

在读数显微镜中可以清晰地看到一组以透镜和平板玻璃接触点为中心的明暗相间的同心圆环。中心处是暗斑,这是因为中心接触处的空气厚度 $d=0$,而光在平面玻璃面上反射时有半波损失 $\lambda/2$,当两束波的光程差是半波长的奇数倍时,相遇以后就会干涉相消,我们所看到的就是一个暗条纹,所以牛顿环中心处为暗斑(实际上由于磨损、尘埃等因素的影响,中央常模糊不清)。

设透镜的曲率半径为 R,形成 k 级干涉暗纹的牛顿环半径为 r_k,则有

$$r_k = \sqrt{kR\lambda} \quad (k = 0, 1, 2, \cdots) \tag{4-1}$$

上式表明,当波长 λ 已知时,确定了 k、r_k 和波长,就可以得出透镜的曲率半径 R。但是由于玻璃的弹性形变以及接触处难免有尘埃等微粒,使得玻璃中心接触处并非一个几何点,而是一个较大的暗斑,这会导致牛顿环的圆心难以定位,且绝对干涉级次无法确定。

为了回避对牛顿环的半径的直接测量和对干涉级次 k 的确定,实验采用以下方法来测定曲率半径 R。分别测量两个暗环的直径 D_m 和 D_n,由式(4-1)可得

$$D_m^2 = 4(m+j)R\lambda \tag{4-2}$$

$$D_n^2 = 4(n+j)R\lambda \tag{4-3}$$

式中 j 表示由于中心暗斑的影响而引入的干涉级数的修正值,m 和 n 为实际观察到的圆环序数。式(4-2)减式(4-3)得

$$R = \frac{D_m^2 - D_n^2}{4(m-n)\lambda} \tag{4-4}$$

从中可以看出，分子是两个环纹直径的平方差，分母只与牛顿环的级数差($m-n$)相关，即式(4-4)回避了对牛顿环半径 r_k 的直接测量和对绝对干涉级次 k 的确定问题。可以证明如下，即使测得的不是直径而是弦长，也不会影响实验结果。如图 4-7 所示，

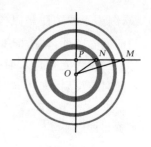

$$OM^2 - ON^2 = (PM^2 + PO^2) - (PN^2 + PO^2)$$
$$= PM^2 - PN^2$$

图 4-7

2) 用劈尖干涉法测量微小厚度

除牛顿环外，还有另一种研究等厚干涉的装置——劈尖，劈尖是指薄膜两表面互不平行，且成很小角度的劈形膜。通常取两块平面玻璃板，将它们一端以很小夹角垫起，另一端紧密接触，其间的空气膜就形成空气劈尖。劈尖通常用来检测平面的平直度等。

如图 4-8 所示，波长为 λ 的单色光垂直照射在玻璃板上，由劈尖薄膜上下表面反射的两束光在空气劈尖表面附近相遇发生等厚干涉。其条纹形状为平行于劈棱的一组等距离直线，且相邻两条纹中间对应的空气隙厚度差为半个波长。若劈尖总长度为 L，夹入细丝的厚度为 d，劈尖夹角为 θ，单位长度中所含的干涉条纹数为 n，则

$$d = nL\frac{\lambda}{2} \tag{4-5}$$

由此可测得细丝的直径或薄膜的厚度。

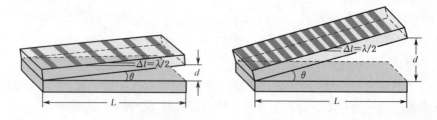

图 4-8 不同角度劈尖干涉示意图

4. 实验仪器

1) 单色光源(汞光灯)

是一种气体放电灯，在放电管内充有金属汞和氩气，开启电源的瞬间，氩气放

电,其后汞被蒸发并放电发光。在汞灯前加 $\lambda = 546.1\,\mathrm{nm}$ 的滤光片,获得单色光。

2) 牛顿环

由曲率半径为 R 的待测平凸透镜和玻璃平板叠装在金属框架中构成,框架边上有三个螺钉,用来调节平凸透镜和玻璃平板之间的接触,以改变干涉条纹的形状和位置。

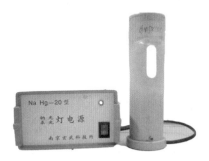

图 4-9 单色光源

图 4-10 牛顿环

3) 劈尖

将两块平玻璃板叠在一起,一端夹入细丝或薄片,则玻璃板之间形成一空气劈尖,劈尖的夹角很小(秒数量级)。

4) 读数显微镜

读数显微镜的型号和规格很多,但基本结构一样,均由显微镜和机械调节部分组成。可以实现非接触性测量,如测量干涉条纹的宽度、虚像距、虚物距等。JXD型读数显微镜如图 4-12 所示,具体使用方法参见实验一。

图 4-11 劈尖

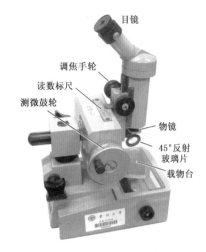

图 4-12 读数显微镜

5. 注意事项

1）勿用手抚摸牛顿环仪等光学元件表面，若不清洁，需用专门的擦镜纸揩拭。

2）牛顿环上三只螺钉不可旋得太紧，以免压力过大而引起透镜的弹性形变，甚至损坏破裂。

3）使用测量显微镜时应注意当眼睛注视目镜，用调焦旋钮对被测物体进行聚焦前，应该先使物镜接近被测物体，然后使镜筒慢慢向上移动，这样可避免两者相碰。

4）目镜中的十字叉丝，其中一条应和被测物体相切，另一条与镜筒移动方向平行。

5）注意 45°反射玻璃片的方向及位置，要使入射的单色光经玻璃片反射进入牛顿环，而不是反射进入显微镜镜筒，否则将看不到干涉条纹。

6）牛顿环装置安放的位置与测量显微镜第一次读数位置要事先配合好，避免在测量了一部分数据后，发现环纹超出量程，无法继续测量。因此在正式测量前，应先做定性观察和调整，然后再作定量测量。

7）避免空程差。由于分划板的移动是靠测微丝杆的推动，但丝杆与螺母套管之间不可能完全密合，存在间隙。如果螺旋转动方向发生改变，则必须待转过这个间隙后，分划板的叉丝才能重新跟着螺旋移动。因此，当显微镜沿相反方向对准同一测量目标时，两次读数将不同，由此产生的测量误差称为空程差，为了防止空程差，每次测量时，螺旋应沿同一方向旋转，不得中途反向，若旋转过头，必须退回几圈，再从原方向旋转推进，对准目标后重新测量。

6. 实验内容

1）用牛顿环法测定透镜的曲率半径

● 借助于室内灯光，用眼睛直接观察牛顿环，可看到透镜的中心有圆环形斑纹。若环纹不在透镜中心，轻微旋动金属框上的调节螺丝，使环心面积最小，并稳定在透镜中心（切忌将螺丝拧得过紧，以免干涉条纹变形导致测量失准，甚至造成光学玻璃破裂）。

● 打开汞光灯，稍等几分钟，然后将牛顿环放在显微镜筒正下方的载物台上。调节镜筒的立柱，使镜筒有适当的高度。镜筒下 45°反射玻璃片对准光源方向，使入射的单色光经玻璃片反射进入牛顿环（如图 4-13 所示），此时显微镜视场将充满明亮的绿色。若此时显微镜视场亮度不够,应调节汞光灯的位置及反射玻璃片的角度。

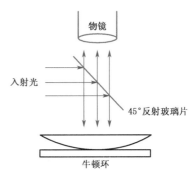

图 4-13 牛顿环光路示意图

- 调节目镜使十字准丝清晰,旋转物镜调节手轮,使镜筒由最低位置慢慢上升(这可避免物镜及 45°反射玻璃片与牛顿环相碰),边抬升边观察,直到目镜中看到环形干涉条纹为止。调节调焦手轮对牛顿环聚焦,使环纹清晰,并适当移动牛顿环装置,使牛顿环圆心处在视场正中央,并使得目镜中看到的叉丝像和牛顿环条纹间无视差。

- 为了消除显微镜在改变移动方向时可能产生的空程差,移动时必须向同一方向旋转,中途不可倒退。开始时使读数鼓轮做单向移动,看鼓轮上的零点与直尺示值是否对齐,如不对齐可多旋转几周,直至对齐为止。并在测量前使目镜筒在显微镜量程的中部。

- 测量各级牛顿环直径。为了有效地利用测量数据并保证测量结果的准确性,建议采集从牛顿环第 5 圈到第 20 圈范围内的各暗环的直径数据(靠近牛顿环中心的几圈因形变较大,不予采集),用逐差法处理数据,计算出 R。

表 4-1 牛顿环测透镜曲率数据表格

圈 数	显微镜读数(mm)		直径 D (mm)	D^2 (mm²)	组合方式	$D_m^2 - D_n^2$ (mm²)
	(左方)	(右方)				
5					13−5	
6						
7					14−6	
8						
9					15−7	
10						
11					16−8	
12						

（续　表）

圈　数	显微镜读数(mm)		直径 D (mm)	D^2 (mm²)	组合方式	$D_m^2 - D_n^2$ (mm²)
	（左方）	（右方）				
13					17－9	
14						
15					18－10	
16						
17					19－11	
18						
19					20－12	
20						
环纹直径平方差的平均值$\overline{D_m^2 - D_n^2}$						
透镜的曲率半径 $R = \dfrac{\overline{D_m^2 - D_n^2}}{4(m-n)\lambda}$						

2) 用劈尖干涉法测细金属丝直径

- 将劈尖放置于载物台上,光路调节同牛顿环。调整劈尖,使干涉条纹相平行且与棱边平行。
- 分别测出第 5、10、15、20、25、30 条暗条纹的显微镜读数,使用逐差法计算出单位长度中所含的干涉条纹数,数据及计算结果填入表格内。

表 4-2　劈尖测细金属丝直径数据表格

级数 j	显微镜读数 D_j(mm)	组合方式	单位长度中所含的干涉条纹数 $n = \dfrac{j_m - j_n}{D_m - D_n}$
5		20－5	
10			
15		25－10	
20			
25		30－15	
30			
平均值 $\bar{n}$			
劈尖总长度 L(单次测量值)			
细金属丝直径 $D = nL\dfrac{\lambda}{2}$			

7.　分析思考

1）测定牛顿环仪凸透镜的曲率半径中的光学原理是什么？

2）在牛顿环实验中，注意观察以下现象并加以解释：

● 牛顿环的各环纹是否等宽，环的密度是否均匀？

● 观察到的牛顿环是否发生畸变，原因是什么？

● 牛顿环中心是亮斑还是暗斑、何原因引起、对测量 R 有无影响？

● 用白光照射牛顿环是何现象，为什么？

3）实验中为什么测牛顿环直径而不测半径？若十字叉丝中心并没有通过牛顿环的圆心，那么以叉丝中心对准暗环中央所测的并不是牛顿环的直径而是弦长，对实验结果有无影响？

4）实验中说明了劈尖夹角很小，试考虑该夹角的大小对实验测量有无影响。

8.　拓展阅读

1）日常生活中的光的等厚干涉现象

光的等厚干涉现象其实在日常生活中很常见。如肥皂泡、蜻蜓的翅膀、水面上的油污等在阳光照射下表面会呈现出五颜六色，这是由于阳光是由红、橙、黄、绿、青、蓝、紫七种颜色组成的，当光线在薄膜正反两面来回反射时，两束反射光线重叠，不同波长、不同强度、不同的干涉级次条纹重叠，呈现出五颜六色的"薄膜色"。这些彩色条纹是光在薄膜上产生等厚干涉而引起的现象，都是干涉条纹，每一个条纹实际上对应着一条等厚线。

图 4-14　常见的等厚干涉现象

照相机、望远镜等的镜头通常会呈现出颜色。这是因为在镜头的表面镀有一层均匀透明的增透膜,目的是使某些波长的反射光因干涉而减弱,从而增加透过器件的光能。例如,较高级的照相机的镜头由多个透镜组成,如不采取有效措施,反射造成的光能损失可达 45%～90%。

在通常情况下,入射光为白光,增透膜只能使一定波长的光反射时相互抵消,不可能使白光中所有波长的反射光都相互抵消。在选择增透膜时,一般是使对人眼灵敏的绿色光在垂直入射时相互抵消,因此膜厚为绿光波长的四分之一,绿色透光性增强了,绿光在镜头前面产生了薄膜等厚干涉,形成了暗条纹,即产生了增透效果。同时由于反射回来的红、绿、蓝色中,绿色的比例较少,所以通常镜头看上去呈淡紫色。

光的等厚干涉在现代精密测量技术中有很重要的应用,一直是高精度光学表面加工中检验光洁度和平直度的主要手段。因为同一干涉条纹所对应的膜厚度相同,即等厚干涉条纹可以直观地表现出薄膜的厚度分布情况。随着科技的发展,精密零件尺寸的度量精确性要求越来越高,达到 0.1 μm 甚至更高量级,用机械检验的方法要达到这么高的要求是十分困难的,而光的干涉条纹可以将波长数量级以内的微小差别和变化反映出来。

2) 利用牛顿环检测透镜表面的质量

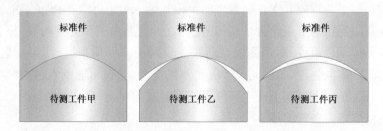

图 4-15 利用干涉现象检测透镜质量

利用牛顿环干涉现象可以方便地检测透镜表面的质量,通过观测牛顿环,可以及时判断待测件的优劣,以便对其进行精加工。如图 4-15 所示,将标准件覆盖在待测件上,然后对待测透镜轻轻施压,如果不出现牛顿环,表明两者完全密合,工件达到标准要求(如待测工件甲)。如果出现牛顿环,则表明被测曲率半径小于或大于标准值。牛顿环圈数越多,表明偏差越大,如果观测到的牛顿环不圆,则表明被测件曲率不均匀。

通过观察牛顿环图样的变化,可以判断被测件曲率大于还是小于标准件。若中心有环涌出,各环半径向边缘扩散,这说明在施压时空气膜厚度减小,导致牛顿环的半径相应增加,说明工件曲率半径偏小,应研磨工件中央(如待测工件乙)。同理,若观察到中心有环淹没,各环半径向中心收缩,说明工件曲率半径偏大,应研磨工件边缘(如待测工件丙)。

3) 利用劈尖干涉检测平面的平直度

根据薄膜干涉的道理,利用劈尖装置可以测定平面的平直度,且测定的精度很高,数量级在几分之一波长的隆起或下陷都可以通过观测干涉条纹的弯曲度检测出来。

图 4-16 为利用空气劈尖检查工件表面平整度的示意图,两板之间有一层空气膜,用单色光从上向下照射,入射光从空气膜的上下表面反射出两列光波,形成干涉条纹。如果被检测平面是光滑的,将形成与劈尖棱角平行,明暗相间的等厚条纹,且条纹间距相等,如图甲所示。

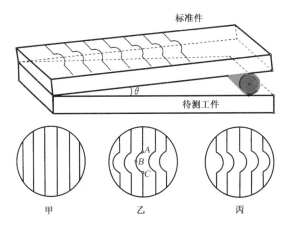

图 4-16 利用劈尖干涉检测平面的平直度

如果某处凹陷下去,则对应的干涉条纹像劈棱方向弯曲,如图 4-16 乙所示。因为等厚干涉条纹是等厚线,图中 A、B、C 三点下方的空气薄膜厚度相等,B 点离劈棱近,若劈尖平整无缺陷,那么 B 点处的膜厚应该比 A 点和 C 点处小。现在这三处的膜厚相等,说明 B 点处有下凹的缺陷。如果条纹向劈棱的反方向弯曲(如图 4-16 丙所示),则表明缺陷是上凸。

利用钢尺测量激光的波长

1. 知识介绍

　　人类肉眼所能看到的可见光只是整个电磁波谱的一部分,其光谱范围大约为 390~760 nm。波长大于 10 nm 小于 390 nm 的光波叫紫外光,它有杀菌作用;波长大于 760 nm 小于 100 μm 左右的光波叫红外光,它能传递热量。红外线和紫外线不能引起视觉,但可以用光学仪器或摄影方法去量度和探测。光的颜色都由其波长决定,而与其强度、方向等因素无关。例如波长为 390~450 nm 的光是紫色的,波长为 620~770 nm 的光是红色的。

　　光的波长是决定光波性质的最重要的参数之一。具有单一波长的光(频率)称为单色光,由不同波长的单色光混合而成的光称为复色光。自然界中的太阳光及人工制造的日光灯等发出的光都是复色光,它们通过三棱镜都能分解出红、橙、黄、绿、青、蓝、紫七种颜色的光,如图 5-1 所示。虽然这七种颜色的光都不能再被三棱镜分解为其他的色光,但是它们并不是真正意义上的单色光,每一种颜色的光都有相当宽的波长(或频率)范围,例如红光的波长范围为 770~620 nm。现在常用的单色光源是激光器输出的激光,这是因为激光具有波长分布范围窄、单色性好、亮度高等特点。

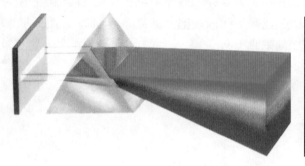

可见光	中心波长(纳米)
红	660
橙	610
黄	570
绿	550
青	460
蓝	440
紫	410

图 5-1　光的色散

怎样才能测出光的波长呢？1801年，英国物理学家托马斯·杨（1773—1829）进行了著名的杨氏双缝干涉实验，精确测定了波长，并从实验上首次肯定了光的波动性。1807年托马斯·杨在他的论文中描述双缝干涉实验时写道："比较各次实验，看来空气中极红端的波的宽度约为三万六千分之一英寸，而极紫端则为六万分之一英寸。"这里"波的宽度"，就是波长，这些结果与现代的精确测量值近似相等。

测量光的波长的现代实验方法有很多，如利用迈克尔孙干涉仪或利用衍射光栅测量光波波长。可见光在真空中（或空气中）的波长只有万分之几毫米，因此以上实验仪器都是精密的光学仪器。那么本实验是怎么用最小分度为0.5 mm的普通钢尺去"测量"纳米级的长度的呢？实验中所使用的钢尺表面刻有许多很细而且等间距的刻线，两相邻刻线间是可以对光反射的钢尺部分，间距为0.5 mm或1 mm，相当于狭缝，这就是现代高科技中常用的光学元件——"光栅"的雏形。

光栅是分光器件，也称为衍射光栅，其分光效果好于三棱镜，它是根据多缝衍射的原理使光发生色散。具有空间周期性的衍射屏都可以叫做光栅，一般是一块刻有大量平行等宽、等距狭缝（刻线）的平面玻璃或金属片，光栅的狭缝数量为每毫米几十至几千条，因此制作光栅是一种非常精密的技术。

单色平行光通过光栅单缝衍射和多缝干涉的共同作用，形成明条纹很亮很窄，相邻明纹间的暗区很宽的光栅衍射图样，这些锐细而明亮的条纹称作谱线，谱线的位置随波长而异。在光栅衍射图样中，主极强亮纹的位置取决于 $d\sin\theta=k\lambda(k=0,\pm1,\pm2,\cdots)$。式中 d 称为光栅常数，等于相邻狭缝对应点之间的距离，θ 为衍射角，k 为明条纹光

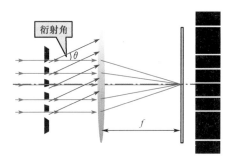

图 5-2　光栅衍射示意图

谱级数，λ 为波长（图5-2），由此式可以计算光波波长，即利用光栅衍射可以精确地测定波长。

以上所说的光的衍射现象是指光在传播过程中遇到障碍物时，能够绕过障碍物的边缘，偏离直线传播路径而进入阴影区里的现象。衍射时产生的明暗条纹或光环，叫衍射图样，光的衍射和光的干涉一样证明了光具有波动性。当用一束强光照射小孔、狭缝等障碍物时，在足够远的屏幕上会出现一幅幅不同的衍射图样，如图5-3所示。

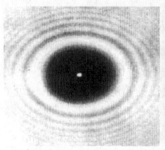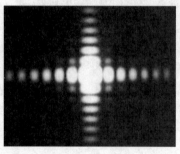

图 5-3　几种衍射图样

2. 实验目的

1）了解光栅测波长的原理；
2）用钢尺测量出激光的波长。

3. 实验原理

激光在现代科学技术与工程实践中应用是非常广泛的，在实际使用中，一般都要预先知道所用激光源的波长。因此，如何测定激光的波长就具有十分重要的意义。传统测量激光波长需要用到非常精密的测量仪器，本实验却用分度值为 0.5 mm 的普通钢尺来测量 600 nm 左右的激光的波长，这听起来是不是很不可思议？这里巧妙地利用了光的波动性质，它的测量原理如图 5-4 所示。

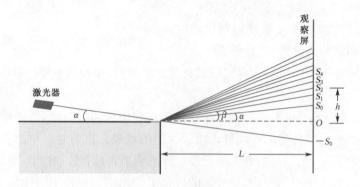

图 5-4　激光在钢尺上的衍射

将钢尺固定在桌上，让一束激光以入射角接近 $90°$（不小于 $88°$）的方向照射到钢尺的端部，其中一部分激光直接照射到观察屏，形成亮斑 $-S_0$，其余激光从钢尺表面反射到屏上。在观察屏上除了与$-S_0$对称的S_0点有反射亮斑外，在S_0上面还可以看到一系列亮斑S_1、S_2、S_3、S_4······这是因为，钢尺上有刻痕的地方对入射光不反射，而光在两刻痕间的许多光滑面上反射（刻痕的间距是0.5 mm）。这些反射光如果相位相同，则它们会相互叠加而加强，形成亮斑，否则会相互减弱。由此可见，此时钢尺的作用就类似反射光栅，其刻痕的间距就等同于光栅常数。

如图5-5所示，激光器A点发出的光线经由钢尺上相邻光滑面B、B'的反射到达观察屏上的C。若BD垂直于AB'，$B'D'$垂直于BC，其光程差为

$$\Delta = ABC - AB'C = DB' - BD' = d(\cos\alpha - \cos\beta) \tag{5-1}$$

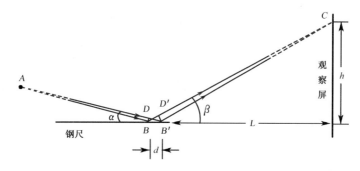

图5-5 光程差计算

若光程差$\Delta = n\lambda$（$n = 0, 1, 2, \cdots$），这些反射光的相位相同，屏上C点就会出现亮斑。$\Delta = 0$，显然$\beta = \alpha$，这就是S_0处的亮斑；$\Delta = \lambda$、$\Delta = 2\lambda$、$\Delta = 3\lambda$······则对应着亮斑S_1、S_2、S_3······

因此，由式（5-1）可知：

$$d(\cos\alpha - \cos\beta_1) = \lambda \tag{5-2}$$

$$d(\cos\alpha - \cos\beta_2) = 2\lambda \tag{5-3}$$

$$d(\cos\alpha - \cos\beta_3) = 3\lambda \tag{5-4}$$

······

式中$d = 0.5$ mm，只要测出α和β_1、β_2、β_3······就可以算出波长λ的值。

实验中，钢尺与观察屏垂直，则

$$\tan\beta = \frac{h}{L} \tag{5-5}$$

式中，L是尺端到屏的距离，h是各亮斑到O点的距离，O点位于S_0点和$-S_0$点的中心。量出各亮斑的距离，代入（5-5）式，即可计算出相应的β值，亮斑S_0的β就是α。

4. 实验仪器

小型激光器一支,稳压电源一台,普通钢尺一把,卷尺一把,纸若干,单缝(单孔)、双缝(双孔)、多缝(多孔)光刻板。

5. 注意事项

激光是一种方向性和单色性都很好的强光,可能会损伤眼睛,使用时要十分小心。本实验所用的激光功率虽然不大,但也不能直接对着激光看,注意勿让激光射到他人的眼睛。

6. 实验内容

1) 在离墙面上白板约 2 m 处的一张桌子的两端相距约 0.6 m 处分别放上激光器和一把钢尺,钢尺的前端(0~5 mm 部分,分度值为0.5 mm)置于桌外,使钢尺与白板大致垂直,如图 5-6 所示。

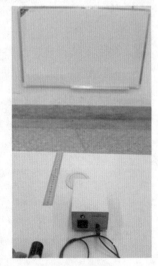

2) 将激光器的电源线连接到稳压电源的电压输出端上。将稳压电源的"电表指示"选择"内",输出电压旋钮打到"5V"挡,电压微调至 4.5V。调节激光器支架螺丝,使激光束对钢尺的夹角约为 2°左右,且光束的大部分恰好照到钢尺的前端,而小部分直接照到白板上。

3) 观察并记录激光以各种入射角在钢尺各部分反射的情况,什么情况下反射光斑近似是一个点? 什么情况下反射光斑近似是一条线段? 什么情况下反射光斑分裂为许多独立的光点? 讨论其原因,并完成表格 5-1。

图 5-6 用钢尺测激光波长装置图

表 5-1 反射光斑的观察与分析

条件与分析	反射光斑近似为点	反射光斑近似为线段	反射光斑为分裂的点
出现条件			
原因分析			

4）在白板上出现亮点区域贴一张白纸条，并在纸条上用笔标记下$-S_0$、S_0、S_1、S_2、S_3、S_4等亮斑的位置，如图 5-7 所示，必须正确判别 S_0 的位置，切勿搞错。注意：可让激光照在钢尺无刻痕的部位，以判别 S_0。

5）用卷尺量出从钢尺前端至白板的距离 L。

6）从白板上取下纸条，取$-S_0$ 与 S_0 的中点为 O 点，如图 5-8 所示，量出 S_0、S_1、S_2、S_3……各点与 O 点的距离（即各 h 值），由式（5-5）算出 α 和 β，S_0 对应的 β 即为 α，再由式（5-2）至式（5-4）等算出 λ 值。完成表 5-2。

图 5-7　激光干涉亮斑示意图

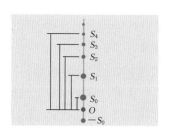
图 5-8　测量图示意图

表 5-2　钢尺测量激光波长

钢尺前端至白板的距离 $L=$＿＿＿＿cm。钢尺上最小刻度间距 $d=$＿＿＿＿mm。

各长度测量值（mm）	角度 α 或 β（度）	波长 λ（nm）	$\bar{\lambda}$（nm）
$OS_0=$	$\alpha=$		
$OS_1=$	$\beta_1=$		
$OS_2=$	$\beta_2=$		
$OS_3=$	$\beta_3=$		
$OS_4=$	$\beta_4=$		

7）利用实验室提供的单缝（单孔）、双缝（双孔）、多缝（多孔）光刻板观察透射光的衍射和干涉现象。

7. 观察思考

1）本实验中所用的钢尺可以用木尺或塑料尺代替吗？可以用本实验的方法测量手电筒光的波长吗？为什么？

2）实验中激光束对钢尺的夹角约为 2°左右，能不能取得更大或更小些？为什么？

3）如果选择钢尺的最小刻度为 1 mm 刻度线再次做上述实验，观察到的亮点有何变化？结果有无变化？并说明理由。

　　4）激光经过光栅后的图样和经过单缝后的衍射图样有什么区别，你能解释吗？

8. 拓展阅读

1）各种光的波长与具体应用

　　γ射线——波长小于 0.02 nm 的电磁波。通过对 γ 射线谱的研究可了解核的能级结构。γ 射线有很强的穿透力，工业中可用来探伤或流水线的自动控制，医疗上利用 γ 射线对细胞的杀伤力来治疗肿瘤。

　　X 射线——X 波长范围约为 0.01～10 nm 之间。由德国物理学家伦琴于 1895 年发现，故又称伦琴射线。X 射线同样具有很强的穿透力，长期受 X 射线辐射对人体有伤害，医学上常用作透视检查，工业中用来探伤。由于晶体的点阵结构对 X 射线可产生显著的衍射作用，因此 X 射线衍射法已成为研究晶体结构、形貌和各种缺陷的重要手段。

　　紫外线——波长从 10 nm～390 nm 的电磁波。日光灯、各种荧光灯和农业上用来诱杀害虫的黑光灯都是用紫外线激发荧光物质发光的。

　　可见光——波长在 390 nm～760 nm 的电磁波。

　　红外线——近红外，波长 760 nm～1.5 μm，穿入人体组织较深，在监视设备中用的较多；远红外，波长 1.5 μm～1 000 μm，多被表层皮肤吸收，常用于军事。

　　微波——波长是 1 mm～1 m 的电磁波。日常所用微波炉磁控管的工作主波长是 122 mm，频率在 2.45 GHz 左右，频率波动范围为 10 MHz 左右。

2）激光

　　激光的最初的中文名叫做"镭射"、"莱塞"，是 LASER(Light Amplification by Stimulated Emission of Radiation)的音译，意思是"受激辐射光放大"。1964 年我国著名科学家钱学森建议将"光受激发射"改称"激光"。

　　激光技术是 20 世纪以来，继原子能、计算机、半导体之后，人类的又一重大发明，起源于大物理学家爱因斯坦 1916 年提出的一套全新的技术理论"受激辐射"。1960 年，人类有史以来的第一束激光由美国加利福尼亚州休斯实验室的科学家梅曼获得。同年，他成功研制出世界上第一台激光器，因而梅曼成为世界上第一个将激光引入实用领域的科学家。激光的发展使古老的光学科学和光学技术获得了新生，激光的先进技术被人们广泛运用于生活生产、科学实验和军事技术上，创造了巨大的效益。

　　激光有很多特性：首先，激光具有很好的单色性。激光器输出的光，波长分布范围非常窄，因此颜色极纯。如只发射红光的氖灯，波长分布的范围为 10^{-5} nm，而输出红光的氦氖激光器的波长分布范围只有 2×10^{-9} nm,是氖灯发射的红光波长分布范围的万分之二。由此可见,激光器的单色性远远超过任何一种单色光源。其次,由于激发原理,激光束的发散度极小,所以激光的能量密度极大,亮度极高。由于激光的特性和广泛的用途,人们称它为"最快的刀"、"最准的尺"和"最亮的光"。

激光器有很多种,有大有小,尺寸大的可达几个足球场,小的只有一粒稻谷或盐粒般大小。按照工作物质形态的不同分为气体激光器——氦-氖激光器(图 5-9)和氩离子激光器、固体激光器——红宝石激光器、半导体激光器——激光二极管,以及液体和自由电子激光器。每一种激光器都有自己独特的产生激光的方法。

图 5-9　氦-氖激光器

3) 衍射的特点

衍射现象具有两个鲜明的特点:①光束在衍射屏上的某一方位受到限制,则远处屏幕上的衍射强度就沿该方向扩展开来。②光孔线度越小,光束受限制越厉害。当光孔线度远远大于光波长 λ 时,衍射效应很不明显,近似于直线传播;当光孔线度逐渐变小,衍射效应逐渐明显,在远处便出现亮暗分布的衍射图样;当光孔线度小到可以同光波长相比拟时,衍射效应极为明显,衍射范围弥漫整个视场,过渡为散射情形。

近场衍射:观察屏与衍射屏的距离较近,衍射光线发散,也称菲涅耳衍射(图 5-10)。

远场衍射:观察屏与衍射屏的距离很远,衍射光线接近平行,也称夫琅禾费衍射(图 5-11)。

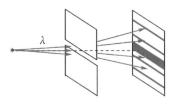

图 5-10　近场衍射

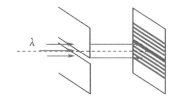

图 5-11　远场衍射

4) 衍射光栅的应用

衍射光栅的性能稳定,分辨率高,角色散高而且随波长的变化小,所以在各种光谱仪中得到广泛应用。主要用于分光,也用于长度和角度的精密测量、自动化测量及调制等。

　　最早的光栅是1821年由德国科学家J.夫琅禾费用细金属丝密排地绕在两平行细螺丝上制成的,因形如栅栏,故名为"光栅"。现代光栅是用精密的刻划机在玻璃或金属片上刻划而成的,光栅种类很多,按所用光是透射还是反射分为透射光栅(图5-12)、反射光栅(图5-13);按其形状又分为平面光栅和凹面光栅,此外还有全息光栅、正交光栅、相光栅、炫耀光栅、阶梯光栅等。

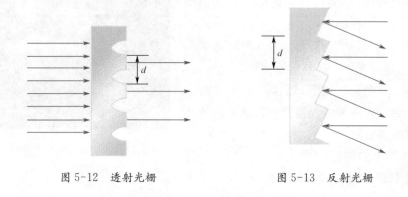

图 5-12　透射光栅　　　　　　　图 5-13　反射光栅

实验六

简易电磁学实验

1. 知识介绍

现代人的生活离不开电，如果没有电，一切都难以想象。人们是如何从不知道电为何物，到发现电、使用电、驾驭电，并且到了离不开它的地步呢？

早在 2500 年前，古希腊人发现琥珀、毛皮等摩擦可以生电，英文 Electricity 的字根就是希腊文的琥珀。中国人也在很早就知道"顿牟掇芥，磁石引针"即带电物会吸小物体，天然磁石会吸铁。但很长时间内，天上的雷电在他们的眼中还只是来自上天的神力及武器。一直到 18 世纪，在摩擦生电与磁性现象停滞千余年之后，电磁学才开始在欧洲得到迅猛发展。

1660 年，著名的马德堡半球实验表演者德国科学家盖里克，发明了第一台能产生大量电荷的摩擦起电机。这种起电机能够方便地产生电，但是不能贮存电；一旦停止转动，摩擦产生的电就会通过空气或沿其表面消失得一干二净。

1734 年，法国人杜菲发现电只有两种，并称之为"玻璃电"与"树脂电"。他在密封的玻璃瓶中，插入一根金属棒，瓶内的一端，挂上两片金箔；瓶外的一端，做成一个小球。当带电的物体靠近小球时，金箔就会张开。这个实验在电还是"神出鬼没"的时候，显得非常神奇。

1745 年，荷兰莱顿大学教授马申布洛克发明了"莱顿瓶"。他在一个玻璃瓶的内外壁上各贴一圈锡箔纸，并将摩擦产生的电通过碰触的方式传输到玻璃瓶的内壁，这些电储存在其中很久都不会跑掉。这其实是一个简单的电容器，但在当时是人类驯服电的开始。

1752 年，富兰克林在雷雨中放风筝，把天上的电收集到"莱顿瓶"中，证明了天上的电与摩擦产生的电是一样的，并由此发明了避雷针。他注意到两种电有相互抵消的现象，所以建议

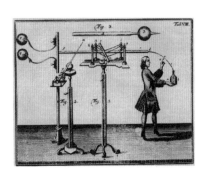

图 6-1　马申布洛克的"莱顿瓶"实验

把"玻璃电"与"树脂电"改名为"正电"与"负电",该名称沿用至今。

在 1785—1791 年间,法国人库仑利用扭秤装置发现了"库仑定律"。这是以数学来描述电学的第一步,成就了"静电学"的基础,是现代电磁学的第一个课题。

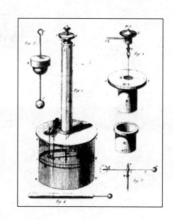

图 6-2 库仑及其扭秤实验

虽然库仑定律十分精准地描述了电荷静止时的状态及相互作用,但单独的库仑定律的应用却不容易。雷雨时的闪电或莱顿瓶的火花放电,都是瞬间的事,不能长时间供应稳定的电流,就很难去研究电流的效果。因此,电池的发明是电磁学上的大事。

1793 年,比萨大学伏特教授发现用一片浸过碱水的纸板夹在铜、锌之间,可产生电流。而且,如果用多重的锌、纸、铜会得到更明显的电流,这就是最早的电池(碱性电池)。为纪念他的功劳,电压单位命名为伏特。直到现在,改良电池也还是一门专业的学问。

图 6-3 伏特及其发明的伏特电堆

1820 年 4 月,丹麦哥本哈根大学教授奥斯特在一次讲授"各种电与磁的现象"的课堂上,发现了电流引起磁针偏转。这一发现引起了很多人的兴趣。

法国物理学家安培得知奥斯特实验结果之后,五个月内用实验证明了两根通电的导线之间也有吸力或斥力,给出了电磁学中第二个最重要的定律"安培定律"。电与磁从此在物理中是分不开的,安培后来被誉为"电磁学"的始祖,他的名字也成了电流的单位。

图 6-4　安培和他的实验装置

1826 年,德国数学教授欧姆发表了欧姆定律,厘清了电压、电流、电阻间的关系,这是以后所有电路理论的开端。

1831 年,英国物理学家发现了电磁感应现象,给出了电磁学中第三个最重要的定律"法拉第定律"。这是现代发电机、电动机、变压器技术的基础。

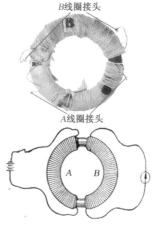

图 6-5　法拉第的电磁感应实验装置(1831 年 8 月 29 日)

1835 年,美国画家摩斯发明了摩斯电码,从此电报开始发展成新兴工业。

1839 年,英国的焦耳发表了焦耳定律,给出了电流消耗能量的关系式,这是后来电力买卖的计价基础。

1854—1858 年，英国的凯尔文研究越洋电缆理论，实现了大西洋两岸的电讯。

焦耳、凯尔文现在的名气，多因其热学上的成就，但他们曾合作研究出冷冻机原理，但这项发明未引起当时英国工业界的兴趣。原因之一是这些应用需要大量的电力，而当时还没有低成本的发电方法。因此，用电量较小的通讯器材(电报、电话)，就率先发展起来。

1864 年，理论物理学家麦克斯韦以高度的概括能力和高超的数学推导，将复杂的电磁现象和电磁运动规律总结为四个偏微分方程，即著名的"麦克斯韦方程式"，不但完整而精确地描述了所有的已知电磁场现象，还预言了电磁波，将电磁和光现象统一了起来。

1876 年，美国人贝尔发明电话。

1879 年，美国人爱迪生发明白炽电灯，这是第一个人人都感到非要不可的电器。

1882 年，美国人特斯拉制成第一部交流发电机。关于尼古拉·特斯拉的科学贡献，人们认为他是人类有史以来继里昂纳多·达芬奇之后的"旷世奇才"。现代社会已经离不开电，而只要用到电的地方，几乎都离不开当初特斯拉的科学贡献，特斯拉被誉为"创造出二十世纪的人"。

图 6-6　特斯拉的交流电实验

1886—1888 年，德国人赫兹做了一系列的实验，不但证明了电磁波的存在，而且证实了电磁波与光具有相同的波速，有反射、折射等现象，并对电磁波性质(波长、频率)进行了定量测定。当然，也同时发展出发射、接收电磁波的方法。这是所有"无线通讯"的始祖。

1897 年，举世知名的尼加拉瓜水电站建成发电。

世界的电化，从此开始。

2. 实验目的

1）了解部分电磁学仪器：电源、电表、可变电阻器；
2）分析滑线电阻的制流和分压特性；
3）练习电路连接、练习曲线作图。

3. 实验原理

1）直流电源

实验室常用的直流电源有直流稳压电源和干电池。直流稳压电源将输入的220 V交流电压变为稳定的直流电压输出，其内阻小，输出电压稳定且连续可调，输出功率较大，使用方便。干电池输出电压的短期稳定性好，使用时不会对电路造成交流噪声和电磁干扰，但干电池容量有限，不适合于长期连续使用，要注意经常更换。

2）电表

电表是电磁测量中的基本仪器。实验室常用的电表大都是磁电式的，它是根据载流线圈在磁场中受力矩作用而发生转动的原理制成的。磁电式电表具有准确度高、标尺分度均匀、功率消耗小，受外界磁场和温度影响小等优点，但只适用于直流测量，如果要作交流测量，则需另加整流器。

- 电流计：电流计俗称表头，能将通过它的微弱电流的大小转换成指针或光点的偏转大小，常用来测量微小电流或用作检流计。一般只能测量很小的电流（从十几微安到几百毫安）。

- 电流表：可分为微安表（μA）、毫安表（mA）、安培表（A）等。在表头上并联一个分流低电阻 R_s 即构成电流表（如图6-7所示），总电流 I 中的大部分电流 I_s 将流过 R_s，小部分电流 I_g 流过表头 G。如果表头的读数要扩大 n 倍，即 $I = nI_g$，则

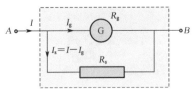

图 6-7　将表头改装成电流表

$$R_s = \frac{1}{n-1} R_g$$

- 电压表：可分为毫伏表（mV）、伏特表（V）、千伏表（kV）等。在表头上串联一个

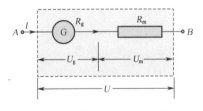

图 6-8　将表头改装成电压表

分压高电阻 R_m 即构成电压表(如图 6-8 所示),总电压 U 中的大部分电压 U_m 将降落在 R_m 上,只有小部分电压 U_g 降落在表头的内阻 R_g 上。如果表头电压读数要扩大 m 倍,即 $U = mU_g$,则

$$R_m = (m-1)R_g$$

3) 可变电阻器

电磁学测量中,常用可变电阻来改变电路中的电流和电压值。选用可变电阻器时要注意其阻值范围和允许通过的最大电流值(或功率)是否满足要求,否则易于烧毁电阻器。

● 电位器

传统的电位器是通过机械结构带动滑片改变电阻值,因此可以称作机械式电位器,其结构简单、价格低,但由于受到材料和工艺的限制,最容易产生滑动片磨损,导致接触不良、系统噪声大甚至工作失灵。随着科技的发展,目前采用集成电路工艺生产的电位器使用广泛,其外形像一只集成块,这种电位器采用数字信号控制,称为数字电位器。

机械式电位器通常由电阻体与转动或滑动系统组成,即靠一个动触点在电阻体上移动,获得部分电压输出。电位器的作用——调节电压(含直流电压与信号电压)和电流的大小。电位器的结构特点——电位器的电阻体有两个固定端,通过手动调节转轴或滑柄,改变动触点在电阻体上的位置,则改变了动触点与任一个固定端之间的电阻值,从而改变了电压与电流的大小。

图 6-9 旋转式电位器

图 6-10 直滑式电位器

图 6-11 数字电位器

● 电阻箱

电阻箱的型号很多,常用的 ZX21 型电阻箱的面板如图 6-12 所示,它的内部是由若干个锰铜线绕成的标准电阻按图 6-13 所示连接。旋转电阻箱上的旋钮,可以得到不同的电阻值。

图 6-12 所示的电阻值为 87 654.3 Ω(8×10 000＋7×1 000＋6×100＋5×10＋4×1＋3×0.1)。其中×10 000、×1 000……称为倍率,刻在各旋钮边缘的面板上。四个接线柱旁标有 0、0.9 Ω、9.9 Ω、99 999.9 Ω 等字样,0 与 0.9 Ω 两

接线柱之间的电阻值调整范围为 $0 \sim 0.9\,\Omega$，0 与 $9.9\,\Omega$ 两接线柱之间的电阻值调整范围为 $0 \sim 9.9\,\Omega$，其余类推。使用时，应根据需要选用接线柱，以避免电阻箱其余部分的接触电阻和导线电阻给低电阻带来的影响。

图 6-12　电阻箱面板

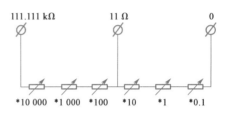

图 6-13　电阻箱内部结构示意图

由于构成电阻箱的各挡电阻的额定电流不同，故电阻箱的额定值不用额定电流而用额定功率表示。一般电阻箱的额定功率为 $0.25\,\mathrm{W}$，由此可计算出各挡的额定电流。阻值大的挡，由于电阻丝较细，允许通过的电流小。

● 滑线电阻

图 6-14　滑线电阻

滑线电阻的构造如图 6-14 所示，A、B、C 为三个接线头，A、B 间均匀绕有电阻线，A、B 为固定接头，D 为滑动接触头，D 通过 C、E 之间的铜杆与 C 相连，C 也称滑动接头。滑线电阻器的主要参数有全电阻（即 A、B 之间的电阻）和额定电流（即滑线电阻器所允许通过的最大电流）。

滑线电阻根据不同的接法，可实现制流与分压两种用途：

◇ 用作分压器

电路如图 6-15 所示，分压器两个固定接头间的电位差等于电源的端电压，滑动接头 C 和一个固定接头 B 之间的电压即负载两端的电压随 D 的位置改变而改变。因此，滑线电阻作分压器使用时，三个接头都要用，电源接在两个固定接头上，负载接在滑动接头和一个固定接头 B 上。分压器在电源电路接通以前,应使输出电压取最小值,即滑动头 D 应滑向 B 端,电源接通以后再调整其输出电压。切断电源前,也应使输出电压取最小值,以免负载电路中的电表指针摆动过大,损伤电表。

◇ 用作制流器

电路如图 6-16 所示,B 端和滑动头 D 接在电路中,A 端空着不用,调节滑动头 D 可以改变通过负载的电流强度,因此该电路具有制流作用。制流器在电源电路接通以前,应使电阻取最大值,即滑动头 D 应滑向 A 端。电源接通以后再调整其阻值,目的是使开始时电路中只有较小的电流通过,比较安全。同样,切断电源前,也应使电阻取最大值,以免损伤电表。

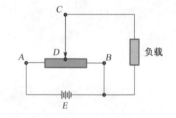

图 6-15　滑线电阻用作分压器

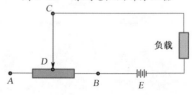

图 6-16　滑线电阻用作制流器

4. 实验仪器

直流电源

直流电压表

直流电流表

负载电阻(20 Ω、51 Ω)

滑线电阻(50 Ω)

滑线电阻(420 Ω)

图 6-17

5. 注意事项

1) 谨防电源两极短路。

2）注意电源的最大允许输出电流值，不可超载应用。实验时，先将稳压电源输出电压置于最小值，待电路正常后再逐步加大电压到规定值。

3）对于直流电表，指针偏转方向与所通过的电流方向有关。接线时必须注意电表上的接线柱的"＋""－"标记，"＋"表示电流流入端，"－"表示电流输出端，切勿将极性接错，以免打坏指针。

4）指针式电表读数时应先正确判断指针位置。为减少视差，必须使视线垂直于面板读数，当指针在镜中的像与指针重合时记录读数。

5）仪器不一定要完全按照电路图中的位置一一对应布置，一般是将经常要调节或读数的仪器，例如滑线电阻、电表等放在近处，其他仪器放在后面一些。电源开关前不放东西，以防万一电路出故障，可以及时断开电源。

6. 实验内容

1）练习电表的使用

● 认识电表盘上的符号

表 6-1　电表上的标记符号及意义

名称/意义	符号	名称/意义	符号
直流表	—	0.5 级表	0.5
交流表	∼	绝缘试验电压为 2 kV	⚡2 kV ☆
交直流表	≂	Ⅱ级防御外磁场能力	Ⅱ
电流表	Ⓐ	磁电式仪表	∩
电压表	Ⓥ	整流式仪表	∩̸
功率表	Ⓦ	调零器	⌒
仪表水平放置	→ ⊓	接地端钮	⊕
仪表垂直放置	↑ ⊥	与外壳相连接的端钮	⟂
		公共端钮	✳

● 注意电表的准确度等级和量程

选用电表时，不应单纯追求准确度，而应根据被测量 X 的大小及对误差 E 的要求，选择准确度等级和量程。电表的准确度等级是用电表的基本误差的百分数来表示的，例如一个 0.5 级的电表，其基本误差为 $\pm 0.5\%$。为了充分利用电表的准确度等级,电表指针偏转读数应大于量程的 2/3。在不知道被测量大小的情况下,应先选用电表的最大量程,再根据指针偏转情况逐渐调到合适的量程。

● 正确接入电路并准确读数

电流表串接在电路中,电压表与被测电压两端并联。电表"+"端接高电势端;"−"端接低电势端,通电前需检查并调节表头指针零点。指针式电表读数时应减少视差,即视线垂直于刻度表面。有镜面的电表,当指针的像与指针相重合时,所对准的刻度才是电表的准确读数。一般电表读数估读到最小刻度的 $\frac{1}{10} \sim \frac{1}{2}$。

2) 练习简单线路的连接

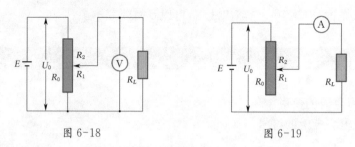

图 6-18   图 6-19

连接如图 6-18、6-19 所示的两个简单电路。布置仪器的原则是"便于连线,利于操作,易于观察,保证安全"。连线先从电源开始(电源先断开),这样容易分清正负极。如果电路比较复杂,可分成几个回路逐步连接,"脉络相承,分区接线"。

连线时要充分注意电路中的等电势点,不宜在一个接线柱上接过多的导线,否则容易造成接触不良。连线要整齐,接头要旋紧。在连接线路时注意利用不同颜色的导线,这样可以表现出电路电位高低,也便于检查。一般用红色或浅色导线接正极或高电位,用黑色或深色导线接负极或低电位。

确认连线无误后,接通电源,同时注意观察全部仪器有无异常现象。例如电表指针有无超出量限范围和反向偏转,有无地方冒烟或发出焦臭味等。如有异常就立即断开电源,重新检查电路或仪器。拆线时先从电源拆起(电源先断开),以免因忘记关电源而造成短路。拆线后将仪器和导线整理好。

3) 滑线电阻的分压特性研究

由图 6-18 可知,负载电阻 R_L 上的电压

$$U = \frac{R_L /\!/ R_1}{R_2 + R_L /\!/ R_1} \cdot U_0 = \frac{R_L R_1 U_0}{R_0 R_L + R_0 R_1 - R_1^2}$$

令 $K = \dfrac{R_L}{R_0}$,表示负载电阻相对于滑线电阻阻值的大小;令 $X = \dfrac{R_1}{R_0}$,表示滑线电阻滑动头所在位置的参数。则

$$\frac{U}{U_0} = \frac{KX}{K + X - X^2}$$

● 用 $50\,\Omega$ 滑线电阻作分压器,负载电阻 $51\,\Omega(K=1.02)$,测出滑线电阻滑动头的位置参数 X 和分压比 $\dfrac{U}{U_0}$,作出 $X—\dfrac{U}{U_0}$ 的关系曲线。

● 用 $420\,\Omega$ 滑线电阻作分压器,负载电阻 $20\,\Omega(K=0.048)$,测出滑线电阻滑动头的位置参数 X 和分压比 $\dfrac{U}{U_0}$,作出 $X—\dfrac{U}{U_0}$ 的关系曲线。

● 简单分析 K 对分压特性的影响。

表 6-2　滑线电阻的分压特性研究数据表格

$X = \dfrac{R_1}{R_0}$	$K = \dfrac{R_L}{R_0} = \dfrac{51}{50} = 1.02$			$K = \dfrac{R_L}{R_0} = \dfrac{20}{420} = 0.048$		
	U (V)	U_0 (V)	$\dfrac{U}{U_0}$	U (V)	U_0 (V)	$\dfrac{U}{U_0}$
0						
0.10						
0.20						
0.30						
0.40						
0.50						
0.60						
0.70						
0.80						
0.85						
0.90						
0.95						
1.00						
分析 K 对分压特性的影响						

4)滑线电阻的制流特性研究

由图 6-19 可知,流过负载 R_L 的电流为 I,即电路中的电流

$$I = \frac{U_0}{R_2 + R_L} = \frac{U_0}{R_0 - R_1 + R_L}$$

令 $I_0 = \dfrac{U_0}{R_L}$，表示 R_2 趋于零时电路中的电流，$K = \dfrac{R_L}{R_0}$，则

$$\frac{I}{I_0} = \frac{R_L}{R_0 - R_1 + R_L} = \frac{K}{1 + K - X}$$

- 用 50 Ω 滑线电阻作制流器，负载电阻 51 Ω（$K = 1.02$），测出滑线电阻滑动头的位置参数 X 和制流比 $\dfrac{I}{I_0}$，作出 $X - \dfrac{I}{I_0}$ 的关系曲线。

- 用 420 Ω 滑线电阻和 20 Ω 负载电阻（$K = 0.048$）测出 X 和 $\dfrac{I}{I_0}$，并作出关系曲线。

- 简单分析参数 K 对滑线电阻制流特性的影响。

表 6-3　滑线电阻的制流特性研究数据表格

X	$K = \dfrac{R_L}{R_0} = \dfrac{51}{50} = 1.02$			$K = \dfrac{R_L}{R_0} = \dfrac{20}{420} = 0.048$		
	I (A)	$I_0 = \dfrac{U_0}{R_L}$ (A)	$\dfrac{I}{I_0}$	I (A)	$I_0 = \dfrac{U_0}{R_L}$ (A)	$\dfrac{I}{I_0}$
0						
0.10						
0.20						
0.30						
0.40						
0.50						
0.60						
0.70						
0.80						
0.85						
0.90						
0.95						
1.00						
分析 K 对制流特性的影响						

7. 分析思考

1）如何将微安表扩程改装成毫安表？画出设计电路图。

2）如何将微安表改装成欧姆表？画出设计电路图。

8. 拓展阅读

1）钳形电流表

钳形电流表是一种不需断开电路就可以直接测量电路电流的便携式仪表，在电气检修和测试中，使用非常方便。

按指示方式可分为指针式和数字式，根据其结构及用途分为互感器式和电磁系两种。常用的是互感器式钳形电流表，由电流互感器和整流系仪表组成，它只能测量交流电流。电磁系仪表可动部分的偏转与电流的极性无关，因此，它可以交直流两用。

图 6-20　钳式电流表

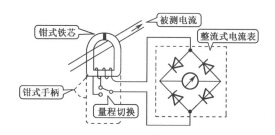

图 6-21　互感器式钳形电流表原理图

钳式电流表在使用前应检查钳口的开合、密闭程度,在使用中应选择合适的量程,被测导线应放在钳口内的中心位置,被测电流较小时应在钳口的铁芯柱上绕几圈后再测量;被测载流导线相当于电流互感器的一次绕组,绕在钳形表铁芯上的线圈相当于电流互感器的二次绕组。二次绕组感应出电流,送入整流系电流表,使指针偏转,指示出被测电流值。

2) 数字万用表

数字式万用表,把连续的被测模拟电参量自动变成断续的,用数字编码方式以十进制数字自动显示测量结果,是一种功能齐全、精度高、性能稳定、灵敏度高、结构紧凑的仪表,它显示直观,能做到小型化、智能化,并且可以与计算机接口组成自动化测试系统;是电气测量中常用到的电子仪器。

配以其他各种转换电路,如交直流转换器、电流电压转换器、欧姆电压转换器、相位电压转换器等,可以进行电压以外的物理量的测量,如电流、电阻、电容、频率、温度、二极管正向压降、三极管 h_{fe} 参数及器件通断测试(用蜂鸣音响表示),等等。可供实验室测试、工程设计、野外作业、仪器维修等使用。

按显示位数,数字万用表可分为三位半、四位半、五位、六位、八位等;按测量速度,可分为高速和低速;按外形,可分为袖珍式、便携式、台式;按 A/D 变换方式可分为直接转换型和间接转换型。

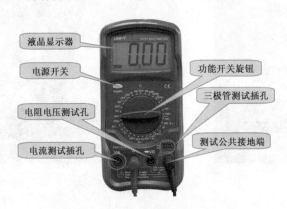

图 6-22　UT51 型数字万用表

数字万用表是经过历史慢慢发展来的。早期的模拟万用表,使用磁石偏转指针表盘,与经典的电流计相同;现在则采用 LCD(液晶显示器,Liquid Crystal Display)或 VFD(真空荧光显示器,Vacuum Fluorescent Display)提供数字显示。被测量信号被转换成数字电压并被数字的前置放大器放大,然后由数字显示屏直接显示该值;这样就避免了在读数时视差带来的偏差。同样,更好的电路系统和电子学,也提高了测量精度。模拟仪表的基本精度在 5% 到 10% 之间,便携式数字万用表则可以达到±0.025％，而工作台设备更高达百万分之一的精度。

随着现代科技的发展，设备和系统变得越来越复杂，更复杂、更专业的设备正在取代数字万用表。例如，原来在测量天线时，工作人员可能是使用欧姆计测量它的电阻；而现代技术人员则可能使用手持分析仪测试几个参数，以此来确定天线电缆的完整性。

实验七

用稳恒电流场模拟静电场

1. 知识介绍

在科学研究及实际生产中，常常需要确定带电体周围的静电场分布，这些任意形状的带电体在空间的电场分布（即电场强度和电势的分布）比较复杂，一般很难写出它们的数学表达式，理论计算非常困难。例如在电子管、示波管、电子显微镜以及各种显示器内部电极形状的设计和研究制造中，都需要了解各电极或导体间的电场分布情况，采用数学方法进行计算十分复杂，一般通过实验的手段来确定。

但直接对静电场进行测量也相当困难。对于静电场，测量仪器只能采用静电式仪表，而实验中一般采用磁电式仪表，有电流才有反应。静电场中无电流，磁电式仪表不会起作用，且一旦将仪器放入静电场中，探针上会产生感应电荷。这些电荷所产生的电场将叠加到原来的待测静电场中，即测量仪器的介入会导致原静电场分布发生畸变。

为避免数学方法的复杂性以及直接测量的不现实性，实验中采取模拟法测绘静电场。模拟法就是采用一个与待测对象有相似的数学形式或物理规律的模型或装置来代替实际的待测对象，且该模型或装置在实验室条件下较容易实现。相似模型中各个变量与原型中相应变量有相似关系，既包括几何形状相似，也包括质量、时间、力、温度、电流、电场等的相似。

图 7-1　垂直风洞模拟空中跳伞

图 7-2　汽车模拟风洞实验

模拟法一般分为物理模拟和数学模拟两大类。物理模拟具有生动形象的直观性，并可使观察的现象反复出现，尤其是对那些难以用数学表达式准确描述的对象进行研究时，常常采用物理模拟方法。数学模拟是指模型和原型遵循相同的数学规律，满足相似的数学方程和边界条件。

本实验模拟构造了一个与原静电场完全一样的稳恒电流场，当用探针去测模拟场时，原场不受干扰，因此可间接地测出模拟场中各点的电势，连接各等电势的点作出等势线。根据电场线与等势线的垂直关系，描绘出电场线，这样就可以由等势线的间距确定电场线的疏密和指向，即可形象地了解电场情况。理论和实验都能证明，只要电极的形状和大小，相对位置和边界条件一致，这两个场的分布应该是一样的，即静电场的电场线和等势线与稳恒电流场的具有相似的分布，所以测定出稳恒电流场的电势分布也就求得了与它相似的静电场的电场分布。

2. 实验目的

1）学习用稳恒电流场模拟法测绘静电场的原理和方法；
2）加深对电场强度概念的理解；
3）描绘实验所提供的不同电极的静电场等势线及电场线。

3. 实验原理

本实验将稳恒电流场作为静电场的相似模型，用稳恒电流场中的电流线代替静电场中的电场线，用稳恒电流场中的电势分布模拟静电场的电势分布。

稳恒电流场中，电流是大量电荷定向运动的结果，运动电荷产生的电场不可能是静电场，那么为什么稳恒电流场可以模拟静电场呢？这是由于静电场的基本规律如高斯定理、环路定理等对稳恒电流场同样适用。但是，静电场要求的条件比稳恒电场的条件更高。静电平衡条件要求电荷不流动，即没有电流，静电场中导体内部的电场强度为零。而稳恒电流只要求电荷分布不随时间变化，即稳恒条件下的导体内部的电场强度可以不为零。

当电流场中的电极与静电场中的导体有相同的形状和位置，并且有相同的电势差时，这两种电场具有相同边界条件的相同方程，有相同的解，即有相同的电场分布。下面以无限长同轴柱面的静电场与稳恒电流场为例进行证明。

1) 无限长同轴柱面的静电场分布

如图 7-3(a)所示，圆柱形导体和圆柱壳导体同心放置，分别带有等值异号电荷。其间为真空，由高斯定理可知，其电场线沿径向由 A 向 B 辐射分布。下面以

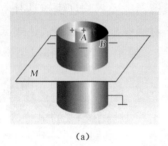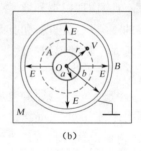

(a)   (b)

图 7-3　无限长同轴圆柱面的静电场分布

任一垂直于轴的横截面 M 上的电场分布为例进行分析。

如图 7-3(b)所示,设横截面小圆的电势为 V_a,半径为 a,大圆的电势为 V_b,半径为 b,则电场中距离轴心半径为 r 处的各点电场强度为

$$E = \frac{\lambda}{2\pi\varepsilon_0 r}$$

式中,λ 为 A(或 B)的电荷线密度,其电势 V_r 可表示为:

$$V_r = V_a - \int_a^r \vec{E} \cdot d\vec{r} = V_a - \frac{\lambda}{2\pi\varepsilon_0} \ln \frac{r}{a} \tag{7-1}$$

令 $r = b$ 时,$V_b = 0$,则

$$\frac{\lambda}{2\pi\varepsilon_0} = \frac{V_a}{\ln \dfrac{b}{a}} \tag{7-2}$$

代入式(7-1)得

$$V_r = V_a \frac{\ln \dfrac{b}{r}}{\ln \dfrac{b}{a}} \tag{7-3}$$

若 A、B 间不是真空,而是充满电阻率为 ρ 的一种不良导体,且 A 和 B 分别与直流电源的正极和负极连接,如图 7-4 所示,A、B 间形成径向电流,建立了一个稳恒电流场。同样分析垂直于轴的横截面,取厚度为 δ 的同轴圆柱片来研究。半径为 r 到 $r+dr$ 之间的圆柱片的径向电阻为

$$dR = \frac{\rho}{2\pi\delta} \frac{dr}{r} \tag{7-4}$$

则半径 r 到 b 之间的圆柱片的电阻为

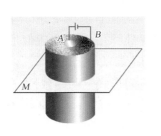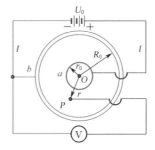

图 7-4　无限长通电同轴圆柱面的稳恒电流场分布

$$R_{rb} = \frac{\rho}{2\pi\delta}\ln\frac{b}{r} \tag{7-5}$$

若 $V_b = 0$，则径向电流为

$$I = \frac{V_a}{R_{ab}} = \frac{2\pi\delta V_a}{\rho\ln\dfrac{b}{a}} \tag{7-6}$$

距中心 r 处的电势为

$$V_r' = IR_{rb} = V_a\frac{\ln\dfrac{b}{r}}{\ln\dfrac{b}{a}} \tag{7-7}$$

上式与式(7-3)具有相同的形式，说明稳恒电流场与静电场的电势分布是相同的，而

$$E' = -\frac{dV'}{dr} = -\frac{dV}{dr} = E$$

因此，稳恒电流的电场与静电场的分布也相同。

　　由于实际工作中所遇到的带电体情形比较复杂，因此并不是每种带电体的静电场及模拟场的电势分布函数都能计算出来，如本实验中点条状电极电场、聚焦电极电场的电势分布就不能得出具体的解析解，只有在电导率分布均匀、几何形状对称规则的特殊带电体的场分布，才能用理论严格计算。上面只是通过一个特例，证明了用稳恒电流场模拟静电场的可行性与等效性。

2) 模拟静电场的实验条件

　　在实验室中，电流场很容易实现，但在用稳恒电流场模拟静电场时，必须注意相似模型满足的相似性条件，即在搭建实验装置和进行模拟实验时应注意以下几点：

　　● 稳恒电流场中的电极形状应与被模拟的静电场中的带电体几何形状相同；

- 静电场中带电导体的表面是等势面,电流场的电极表面也应是等势面。所以,稳恒电流场中的导电介质应是不良导体且电导率分布均匀,并满足 $\sigma_{电极} \gg \sigma_{导电质}$ 才能保证电流场中的电极(良导体)的表面也近似是一个等势面。
- 模拟所用电极系统与被模拟静电场的边界条件相同。

利用稳恒电流场与相应的静电场在空间形式上的一致性,在确保电极形状一定,电极电势不变,空间介质均匀的情况下,在任何一个考察点,均应有"$U_{稳恒} = U_{静电}$"或"$E_{稳恒} = E_{静电}$"。

3) 其他类型电极静电场的模拟

- 无限长通电平行直导线的电场模拟

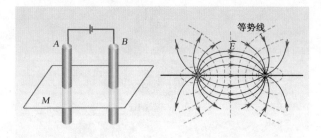

- 平行板电容器的电场模拟

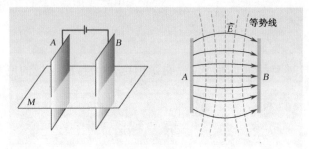

- 无限长通电直导线与平板的电场模拟

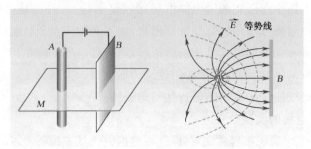

- 聚焦电极的电场模拟

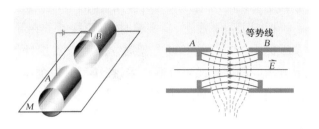

4. 实验仪器

EQC-3 型导电微晶静电场描绘仪箱（含 10 V，1 A 直流稳压电源、电压表、导电玻璃、固定支架、同步探针等），如图 7-5 所示。

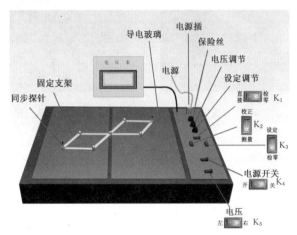

图 7-5　EQC-3 型电场描绘仪

静电场描绘仪的导电玻璃两边有不同形状的电极板，电极间充满电导率远小于电极且各向均匀的导电介质。本实验有两种静电场描绘仪箱，每种描绘仪箱装有两个不同形状的电极。共有四种电极，如图 7-6 所示，分别是同轴圆柱的电场 (a)，聚焦电场 (b)，点状非均匀电场 (c)，点条状非均匀电场 (d)。

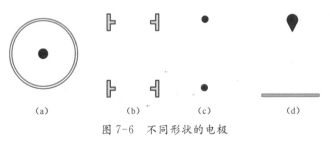

图 7-6　不同形状的电极

导电玻璃上方固定支架的两端分别为电势探针(圆滑,端点为滚珠)和压痕探针(尖锐,按压可在坐标纸上留下痕迹)。实验时,电位探针放在导电玻璃的上方,压痕探针放在记录纸的上方。注意移动支架时,要使左、右探针保持在一条直线上。当导电玻璃上方的电势探针找到待测点后,按压另一端的压痕探针在记录纸上留下一个对应的标记。移动电势探针在导电玻璃上找出若干电势相同的点,从而描绘出等势线。

图 7-6 电势探针(圆滑)　　　　　　图 7-7 压痕探针(尖锐)

5. 注意事项

1) 注意,勿将压痕探针在导电玻璃上划动,按压探针打点时,注意不可用力过猛,以免损坏导电玻璃。

2) 为了更精确地描绘等势线的形状,所选取的等势点应该均匀分布。

3) 由于导电介质不均匀、电极上氧化膜的存在、电极安装偏离圆心等因素,会导致测量结果与理论结果有差别,但要如实记录等势点的位置。

4) 测量时,电势探针每次应该从外向里或者从里向外沿一个方向移动,测量一个点时不要来回移动测量,否则会导致打孔出现偏差。

5) 等势线与电场线垂直,场强方向由高电势指向低电势。每条等势线必须注明相应电压值。

6) 实验结束时关闭电源即可,不必关箱盖,以免压坏电源线及液晶屏。

6. 实验内容

1) 用静电场描迹仪测绘同轴圆柱体中间区域的电场分布。

- 将电势探针置于导电玻璃电极上,另一边垫好胶版和坐标纸,并用 4 个小磁铁在周边固定住坐标纸。
- 开启电源开关 K_4。
- 直接测量前的校准:将 K_1 打向"直接"、K_2 打向"校正",调节电压调节旋钮至 10 V;然后将 K_2 打向"测量"。
- 移动电势探针,通过支架与电势探针相连的压痕探针将同步移动。液晶屏上的电压读数随着电势探针的运动而变化,当读数显示为 0 V 时,轻轻按下压痕探针并旋转一下,在坐标纸上清晰打点。找出 0 V 等势线上的 15～20 个点,并打点在坐标纸上。
- 继续用电势探针探测读数为 2 V、4 V、6 V、8 V、10 V 的若干等势点,同时用压痕探针在坐标纸上打出相应的点。同样的,每条等势线需打 15～20 个点。
- 用光滑的曲线将等势点连接成等势线,并在等势线旁标出其电势,根据电场线与等势线正交的原理,画出电场线。
- 根据所描绘的同轴圆柱的电场分布,量出各环形等势线的半径 $r_{实}$,填入数据表格。
- 由式(7-7)可知,电势为 V_r 的等势线的半径的理论值 $r_{理}$ 表示为

$$r_{理} = b\left(\frac{a}{b}\right)^{V_r/V} \tag{7-8}$$

将横截面上小圆的半径 a、大圆的半径 b、距离轴心半径为 r 处的电势 V_r 及 AB 间的总电势 V 代入上式可得 $r_{理}$。

- 数据表格中已给出不同等势线的 $r_{理}$,将你所测得的 $r_{实}$ 与之比较,计算相对误差,并分析误差原因。

表 7-1　数据表格

V_r(V)	0	2.0	4.0	6.0	8.0	10.0
$r_{理}$(cm)	7.50	4.36	2.54	1.48	0.75	0.50
$r_{实}$(cm)						
$\dfrac{\lvert r_{理} - r_{实} \rvert}{r_{理}}$						
误差原因分析						

2) 改换同一静电场描绘仪箱导电玻璃上的另一电极(更换左右电极板只需将 K_5 打向相应的方向),描绘出对应的等势线及电场线,方法同前。

7. 分析思考

1）什么叫相似模拟？为什么用稳恒电流场可以模拟静电场的电场分布？

2）如果电源电压增加一倍，等势线和电场线的形状是否发生变化？电场强度和电势分布是否发生变化？为什么？

3）如果电极和导电介质接触不良或导电介质不均匀会对实验结果有何影响？为什么？

4）本实验所用的 EQC-3 型静电场描绘仪箱还提供了另一种测量方法——检零法，具体使用方法为：测量前将 K_1 打向"检零"、K_3 打向"设定"，调节设定调节旋钮至需要的量值；然后将 K_3 打向"检零"即可测量。这样在测量时，当液晶显示器的读数显示为零时，就表明电势探针所在的位置即为所需记录的等势点。试比较检零法和前面所用的直接测量法。

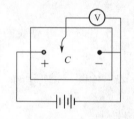

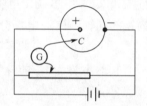

图 7-8　直接测量法示意图　　图 7-9　检零法示意图

8. 拓展阅读

静电场在工农业生产与日常生活中有很多的应用，如利用静电感应、高压静电场的气体放电效应和原理等，可实现多种加工工艺。

1）静电喷涂

静电喷涂主要用于汽车、机械、家用电器等行业。利用静电吸附作用将聚合物涂料微粒涂敷在接地金属物体上，然后将其送入烘炉以形成厚度均匀的涂层。电晕放电电极使直径 $5\sim30\ \mu m$ 的涂料粒子带电，在输送气力和静电力的作用下，涂料粒子飞向被涂物，粒子所带电荷与被涂物上的感应电荷之间的吸附力使涂料牢固地附在被涂物上。一般经 $2\sim3\ s$，涂层即可达 $40\sim50\ \mu m$ 厚。

工作时，涂料微粒部分接负极，工件接正极并接地，在高压电源的高电压作用下，喷枪（或喷杯、喷盘）的端部与工件之间就形成一个静电场。涂料微粒所受到的电场力与静电场的电源以及涂料微粒的带电量成正比，而与喷枪和工件间的距离成反比,当电压足够高时,喷枪端部附近区域形成空气电离区,空气激烈地离子化和发热,使喷枪端部锐边或极针周围形成一个暗红色的晕圈,在黑暗中能明显看出,这时空气产生强烈的电晕放电。

涂料经喷嘴雾化后喷出,被雾化的涂料微粒通过枪口的极针或喷盘、喷杯的边缘时因接触而带电,当经过电晕放电所产生的气体电离区时,将再一次增加其表面电荷密度。这些带负电荷的涂料微粒在静电场作用下,向带异号电荷的工件表面吸附,沉积成均匀的涂膜。

图 7-10　静电喷涂设备

图 7-11　汽车静电喷漆

2) 静电复印

静电复印是利用光电导敏感材料在曝光时按影像发生电荷转移而存留静电潜影,经一定的干法显影、影像转印和定影而得到复制件。所用材料为非银感光材料。静电复印有直接法和间接法两种。前者将原稿的图像直接复印在涂敷氧化锌的感光纸上,又称涂层纸复印机;后者将原稿图像先变为感光体上的静电潜像,然后再转印到普通纸上,故又称普通纸复印机。按显影剂形态是干粉还是液体又可分为干式和湿式两类。目前世界各国生产的以干式间接法静电复印机为主。常用的复印材料有氧化锌、硒、硫化镉等无机光电导材料,以及聚乙烯咔唑(PVK)、三硝基芴酮(TNF)等有机光电导材料。

静电复印过程为:首先使敏感层均匀充电;然后用原稿进行反射曝光;由于光照部位光电导层电荷密度的差异而形成静电潜像,经热塑性的调色剂作覆盖干法显影处理(显影);将白纸覆在敏感层上再次充电使影像转移到纸上(转印);经瞬时加热使调色剂固定在纸上(定影)而得到复印件。静电复印体系同过去的湿法显影复印技术相比有显著的优点:简便,迅速,清晰,对操作人员无污染。

静电复印技术近年来得到了很大的发展,现代的静电复印机具有很高的复印速率,可扩印和缩印,也可复印彩色原件。它满足了现代社会对于信息记录和信息显示的需要。静电复印与现代通信技术以及电子计算机技术和激光技术等结合起来,已成为信息网络中的一个重要组成部分。在近距离或远距离传输过程中作为读取和记录信息的终端,是办公自动化中的一环。

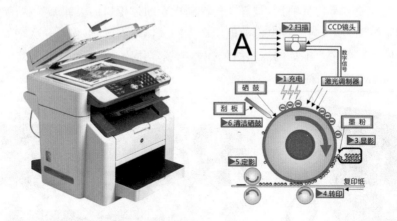

图 7-12　复印机及基本工作原理

3) 农业应用

静电场在农业生产中有着不可替代的作用,使用高压静电场技术可以在一定程度上培育出优良的品种,有效提高农作物的产量。当把植物的种子置于高压静电场中处理后,其中的脱氧核苷酸链很容易发生重排,从而导致 DNA 上的基因发生突变,这样培育出来的种子就会产生许多自然界中没有的性状。由于基因突变的不定向性,在这些性状中,大部分是对植物有害的,但也有一些是我们所需要的优良性状。通过培育、筛选和杂交等手段便可以挑选出产量高的农作物。

高压静电场对于植物的光合作用也有着相当大的影响,在静电场作用下,叶片的光合作用速率和呼吸速率都明显高于对照组,而且光合速率的增加幅度要比呼吸速率增加的幅度大。静电场下叶片的叶绿素总量比对照组高,还有研究表明,静电场也能使叶片的可溶性蛋白的含量明显增加。另外,还可以通过静电场的作用预防植物的病虫害。

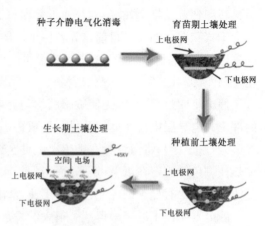

图 7-13　植物全生育期静电场处理工艺流程

实验八

用示波器观察电信号

1. 知识介绍

　　示波器是一种能直接观察和真实显示被测信号的综合性电子测量仪器,它不仅能定性观察电路的动态过程,例如观察电压、电流或经过转换的非电量等的变化过程,定量测量各种电参数,如脉冲幅值、上升时间等。示波器在电工电子设备的检修及生产调试过程中非常重要,它是电工电子实验中必不可少的重要测量仪器。但示波器的用途不仅仅局限于电子领域,利用信号变换器,能够响应各种物理激励源,使之转变为电信号,包括声音、机械应力、压力、光、热。从科研院所到家电维修,各行业都在使用示波器,如汽车工程师使用示波器来观测发动机的振动,医务人员使用示波器观测脑电波等,使用范围无比广泛。

　　示波器本质上是一种图形显示设备,它描绘电信号的图形曲线。在大多数应用中,呈现的图形能够表明信号随时间的变化过程:垂直(Y)轴表示电压,水平(X)轴表示时间,有时称亮度为 Z 轴(如图 8-1 所示)。即电压波形描述水平方向的时间和垂直方向的电压,当波形的高度发生变化,就表示电压值在变化。图 8-2 为普通波形图。

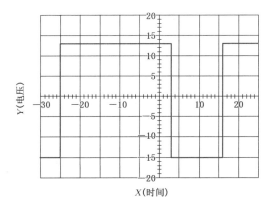
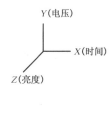

图 8-1　示波器的图形显示

电子设备可以划分为两类：模拟设备和数字设备。模拟设备的电压变化连续，而数字设备处理的是代表电压采样的离散二元码，如传统的电唱机是模拟设备，而 CD 播放器是数字设备。同样，示波器也分为模拟型和数字型，它们都能够胜任大多数的应用。但是，对于一些特定应用，由于两者的不同特性，它们分别有适合和不适合的地方。若进一步划分，数字示波器可以分为数字存储示波器（DSO）、数字荧光示波器（DPO）和数字采样示波器。

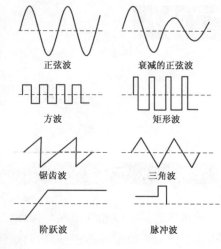

图 8-2　普通波形图

另外，根据显示信号的数量可分为单踪示波器、双踪示波器及多踪示波器。单踪示波器只有一个信号输入端，在屏幕上显示一个信号，它只能检测波形的形状、频率和周期，而不能进行两个信号或三个信号的比较。它有一个比较小的示波管，相对来说比较稳定，常用于一般的音响设备和彩色电视机检修。双踪及多踪示波器具有两个或两个以上的信号输入端，可以在显示屏上同时显示多个不同信号的波形，并且可以对多个信号的频率、相位、波形等进行比较。

尽管示波器分成好几类，每类又有许多种型号，但是一般的示波器除频带宽度、输入灵敏度等不完全相同外，基本使用方法相同。

2.　实验目的

1）了解示波器的基本结构和原理；
2）熟悉示波器面板控制件的作用和使用方法；
3）学会使用示波器观察波形、测量电压和频率的方法。

3.　实验原理

利用示波器能观察各种不同信号幅度随时间变化的波形曲线，还可以测试各种不同的电量，如电压、电流、频率、相位差、调幅度等。模拟示波器工作方式是直接测量信号电压，通过电子束在垂直方向描绘电压并显示在显示器屏幕上。当狭窄的、由高速电子组成的电子束，打在涂有荧光物质的屏面上时，就可产生细小的光点。在被测信号的作用下，电子束仿佛一支笔，在屏面上描绘出被测信号的瞬时变化曲线。

如图 8-3 所示,示波器包含四个不同的基本系统:垂直系统、水平系统、触发系统和显示系统。其中显示系统包括示波管及其控制电路两个部分。示波管是一种特殊的电子管,是示波器的一个重要组成部分。由图 8-4 可见,示波管(CRT)由电子枪(灯丝、阴极)、偏转系统(X 偏转、Y 偏转)和荧光屏 3 个部分组成。

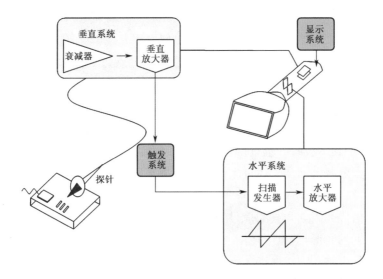

图 8-3　示波器的结构示意图

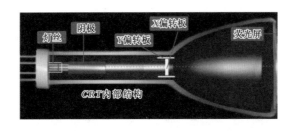

图 8-4　示波管的内部结构示意图

电子枪用于产生并形成高速、聚束的电子流,去轰击荧光屏使之发光。电子束在极高电位的作用下被加速,向荧光屏方向做高速运动。由于电荷的同性相斥,电子束会逐渐散开。适当控制电位差的大小,可起调节光点聚焦的作用,这就是示波器的"聚焦"和"辅助聚焦"调节的原理。

示波管的偏转系统由两对相互垂直的平行金属板组成,称为水平偏转板和垂直偏转板,分别控制电子束在水平方向和垂直方向的运动。偏转板之间无电场时,进入偏转系统的电子将沿轴向运动,打在屏幕的中心。当垂直偏转板之间存在着恒定的电位差时,偏转板间形成一个电场,该电场与电子的运动方向垂直,电子将朝着电位比较高的偏转板偏转。最终,电子到达荧光屏上的某位置,该位置与荧光屏原点间的距离称为偏转量,用 y 表示。偏转量 y 与偏转板上所加的电压 V_y 成正比。同理,在水平偏转板上加有直流电压时,光点将在水平方向上偏转。

荧光屏位于示波管的终端,它的作用是将偏转后的电子束显示出来,以便观察。示波器的荧光屏内壁涂有一层发光物质,荧光屏上受到高速电子冲击之处会显现出荧光。此时光点的亮度决定于单位时间内、单位面积上轰击屏幕的电子数目。改变控制极的电压时,电子束中电子的数目将随之改变,光点亮度也随之改变。在使用示波器时,不宜让很亮的光点长时间固定出现在荧光屏的同一个位置上,否则该点荧光物质将因长期受电子冲击而烧坏,从而失去发光能力。

由于示波管的偏转灵敏度较低,一般的被测信号电压需要先经过垂直放大电路的放大,再加到示波管的垂直偏转板上,从而可以得到垂直方向的适当大小的图形。水平放大电路也同样。通过水平扫描和垂直偏转共同作用,形成显示在屏幕上的信号图像。

当扫描信号的周期与被测信号的周期一致或是整数倍关系时,屏上一般会显示出完整周期的波形,但由于环境或其他因素的影响,波形会移动,为此示波器内装有扫描同步电路。同步电路从垂直放大电路中取出部分待测信号,输入到扫描发生器,迫使锯齿波与待测信号同步,称为"内同步"。如果同步电路信号从仪器外部输入,则称为"外同步"。操作时,使用"电平(LEVEL)"旋钮,改变触发电平高度,当待测电压达到触发电平时,扫描发生器开始扫描,直到一个扫描周期结束。但如果触发电位高度超出所显示波形最高点或最低点的范围,则扫描电压消失,扫描停止。触发器能够稳定实现重复的信号,它确保扫描总是从重复信号的同一点开始,从而使图像清晰、稳定。

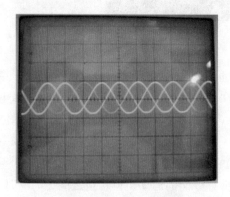

图 8-5　未经触发的显示

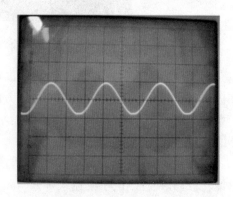

图 8-6　经触发的显示

与模拟示波器不同,数字示波器是按照采样原理,利用 A/D 变换,将连续的模拟信号转变成离散的数字序列,然后进行恢复重建波形,从而达到测量波形的目的。它捕获的是波形的一系列样值,并对样值进行存储,存储限度以判断累计的样值是否能描绘出波形为止。

数字的手段意味着以数字形式表示波形信息,实际存储的是二进制序列。这样,利用示波器本身或外部计算机,可以方便地进行分析、存档、打印和其他的处理。数字存储示波器能够持久地保留信号,可以扩展波形处理方式,在示波器的显示范围内,可以稳定、明亮和清晰地显示任何频率的波形。数字存储示波器还可以捕获和显示那些可能只发生一次的事件(即瞬态现象),即使信号已经消失,仍能够显示出来。

图 8-7 为数字存储示波器的基本原理框图,其中 A/D 转换器是波形采集的关键部件,其作用是将连续的模拟信号转变为离散的数字序列,然后按照数字序列的先后顺序重建波形。所以 A/D 单元起到一个采样的作用,它在采样时钟的作用下,将采样脉冲到来时刻的信号幅值的大小转化为数字表示的数值。

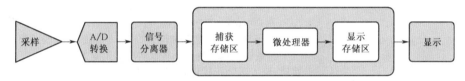

图 8-7　数字存储示波器的基本原理框图

信号分离器将数据按照顺序排列,即将 A/D 变换的数据按照其在模拟波形上的先后顺序存入存储器,其地址顺序就是采样点在波形上的顺序,采样点相邻数据之间的时间间隔就是采样间隔。当存储器内的数据足够复原波形的时候,再送入后级处理,用于复原波形并显示。

微处理器用于控制和处理所有的控制信息,并把采样点复原为波形点,存入显示存储器。最后,显示单元将显示存储器中的波形点显示出来。

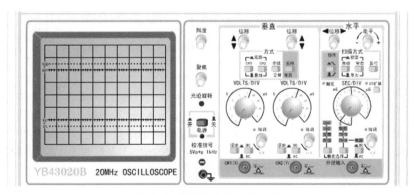

图 8-8　YB43020B 型示波器

4. 实验仪器

1）YB43020B 型示波器，主要按键功能见表 8-1。

表 8-1　YB43020B 型示波器主要按键功能

按键区域	名称	功能说明
	垂直工作方式选择	CH1：只显示 CH1 通道的信号。 CH2：只显示 CH2 通道的信号。 交替：用于同时观察两路信号，此时两路信号交替显示，该方式适用于扫描速率较快时。 断续：两路信号断续工作，适用于在扫描速率较慢时同时观察两路信号。 叠加：用于显示两路信号相加的结果。 反相：此按键未按入时，CH2 的信号为常态显示，按入此键，CH2 的信号被反相用。
	输入耦合方式选择	AC：信号中的直流分量被隔开，用以观察信号的交流成分。 DC：信号与仪器通道直接耦合，当需要观察信号的直流分量或被测信号的频率较低时应选用此方式。 接地：输入端处于接地状态，用以确定输入端为零电位时光迹所在位置。
	扫描产生方式选择	自动：当无触发信号输入时，屏幕显示扫描光迹，一旦有触发信号输入，电路自动转换为触发扫描状态，调节电平可使波形稳定地显示在屏幕上，此方式适合观察频率在 50 Hz 以上的信号。 常态：无信号输入时，屏幕上无光迹显示，有信号输入时，且触发电平旋钮在合适位置上，电路被触发，当被测信号频率低于 50 Hz 时，必须选择该方式。 锁定：仪器工作在锁定状态后，无须调节电平即可使波形稳定的显示在屏幕上。 单次：用于产生单次扫描，进入单次状态后，按动复位键，电路工作在单次扫描方式，扫描电路处于等待状态，当触发信号输入时，扫描只产生一次，下次扫描须再次按动复位键。
	电压灵敏选择开关	选择合适的垂直偏转系数，从 5 mV/div～5 V/div 分 10 个挡级调整，可根据被测信号的电压幅度选择合适的挡级。当"微调"旋钮置于校准位置时，可根据度盘位置和屏幕上显示的幅度读取信号的电压值。

续　表

按键区域	名称	功能说明
SEC/DIV mS μS S	扫描速率选择开关	根据被测信号的频率高低,选择合适的挡次。当扫描"微调"置于校准位置时,可根据度盘的位置和波形在水平轴的距离读出被测信号的时间参数。
CH1 CH2　常态 交替　TV—V 外接　TV—H —— 电源 └触发选择┘	不同触发源的选择	CH1:在双踪显示时,触发信号来自 CH1 通道。单踪显示时,触发信号来自被显示的通道。 CH2:在双踪显示时,触发信号来自 CH2 通道。单踪显示时,触发信号来自被显示的通道。 交替:在双踪交替显示时,触发信号交替来自两个 Y 通道,此种方式用于同时观察两路不相关的信号。 外接:触发信号来自外界输入端口。 常态:用于一般常规信号的测量。 TV—V:用于观察电视场信号。 TV—H:用于观察电视行信号。 电源:用于与市电信号同步。
辉度　聚焦	亮度与清晰度调节	辉度:光迹亮度调节,顺时针旋转光迹增亮。 聚焦:用以调节示波管电子束的焦点,使光迹清晰细致。
位移　◀位移▶	信号光迹位移调节	垂直:使波形在屏幕上上下移动。 水平:使波形在屏幕上左右移动。
电平	触发信号电平调节	电平:用以调节被测信号在变化至某一电平时触发扫描。
微调 校准	信号微调旋钮	微调:用于连续调节,逆时针旋足为校准位置,此时可读取信号电压值或时间参数。

2) DF1641 型信号发生器

信号发生器也是电子测量领域中最基本、应用最广泛的一类电子仪器,是信号仿真实验的最佳工具,它可以产生不同频率、不同波形的电压信号,加到被测器件、设备上,通过观察输出响应,可以分析其性能参数。

图 8-9　DF1641 型信号发生器

本实验中使用的是 DF1641 型信号发生器(如图 8-9 所示),能产生正弦波、方波、三角波、正向及反向脉冲波、正向及反向锯齿波和 TTL 脉冲波,具体调节功能如下:

表 8-2　DF1641 型信号发生器按键功能

面板标志	名称	功　能
FUNCTION	波形选择	输出波形选择
FREQUENCY	频率调节	与 RANGE 配合选择工作频率
PULL TO VAR RAMP/PULSE	锯齿波、脉冲波调节旋钮	拉出此旋钮,可以改变输出波形的对称性,产生锯齿波、脉冲波,且占空比可调。旋钮推进则为对称波形
PULL TO VAR DC OFFSET	直流偏转调节旋钮	拉出此旋钮,可设定任何波形的直流工作点,顺时针为正,逆时针为负。将此旋钮推进则直流电位为零
PULL TO INV AMPLITUDE	波形倒置、幅度调节旋钮	拉出时波形反向;调整输出幅度大小
VCF IN	VCF 输入	外接电压控制频率输入端
TTL OUT	TTL 输出	输出波形为 TTL 脉冲,可作同步信号
OUTPUT	信号输出	输出波形由此输出,阻抗为 50 Ω
ATTENUATOR	输出衰减	按下可产生 -20 dB 或 -40 dB 衰减,同时按下衰减 -60 dB

3) 多种波形信号发生器

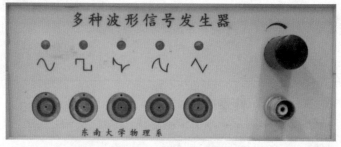

图 8-10　多种波形信号发生器

5. 注意事项

1）避免频繁开机、关机。

2）不要使示波器长时间处于 $X-Y$ 方式，这样光点会停留在一点不动，电子束长时间轰击屏幕一点，会在荧光屏上形成暗斑，损害荧光屏。

3）在正确选择触发源的前提下，注意调节触发电平旋钮（LEVEL）以保证波形稳定显示。

4）测量待测信号电压值和周期时，应将信号微调旋钮逆时针旋到底（旋钮旁的指示灯熄灭），使信号微调旋钮处于校准位置，方可进行读数。

5）关机前将辉度调节旋钮沿逆时针方向转到底，使亮度减到最小，然后再断开电源开关。

6. 实验内容

1）熟悉示波器

- 认识示波器面板各控制旋钮，首先区分出示波器前面板的三个主要的区域：垂直区、水平区和触发区。垂直控制部分调控波形垂直的位置和标度；水平控制用来调控波形水平方向的位置和标度；触发控制可以稳定重复波形，采集单脉冲波形，从而使得重复波形能够在示波器屏幕上稳定显示。

- 开机，预热 10 min，屏幕上将出现一亮点，若无亮点，适当调节辉度、聚焦、水平位移和垂直位移，使亮度合适、聚焦清晰。

- 将扫描时间因数选择开关打至不同位置，观察水平扫描情况。示波器的水平系统与输入信号有更多的直接联系，采样速率和记录长度等需要在此设定。SEC/DIV 代表秒/格，可以选择波形描绘到屏幕上的速率（也称为时基设置和扫描速度）。如果设置为 1 ms，则表示水平方向每刻度表示1 ms，而整个屏幕宽度代表 10 ms，或者 10 格。改变 SEC/DIV 设置，可以看到输入信号的时间间隔做增长和缩短的变化。

- 打开信号发生器，将其输出接至示波器 CH1（垂直通道 1），调节信号发生器的输出频率和电压，调节示波器 CH1 通道偏转因数，即调节每刻度电压值（通常记为 VOLTS/DIV，伏特/格），观察显示波形大小随之改变。

- 示波器的触发功能可以在信号的正确点处同步水平扫描，这对表现清晰的信号特性非常重要。实现方法是不断显示输入信号的相同部分，否则如果每一次扫描的起始都从信号的不同位置开始，那么屏幕上的图像会很混乱。

- 了解测试电路与示波器的连接即耦合方式,耦合方式可以设置为 DC、AC 或者接地。DC 耦合会显示所有输入信号,而 AC 耦合去除信号中的直流成分,设置为接地的结果是显示的波形始终以零电压为中心。
- 观察地线,了解屏幕中零电压的位置。如果使用的是地线输入耦合和自动触发模式,那么屏幕中就有一条表示零电压值的水平线。
- 熟悉其他按键功能。

2) 用示波器观察波形

- 调节 DF1641 型信号发生器的输出频率和电压,调节示波器 CH1 通道偏转因数、扫描速率、电平等,使示波器显示稳定的波形。观察示波器上的波形。
- 要求光迹的亮度适中、清晰,调节有关键钮,使荧光屏上显示一个完整的正弦波,要求波形大小适中。再调整示波器的有关键钮,得到 2 个、3 个完整的波形。
- 将信号源的各种信号(正弦波、方波、微分波、积分波、三角波)先后输入示波器进行观察。在整个观察波形的过程中,注意各键钮的用法及功能,特别是 Y 通道灵敏度选择开关(VOLTS/DIV)、微调旋钮、扫描速率选择开关 SEC/DIV 以及电平旋钮 LEVEL 如何使用。

3) 记录相关数据

分别记录多种波形信号发生器所产生的五种信号的波形最高点到最低点的幅值、Y 通道偏转因数开关位置、一个完整波形的水平长度及扫描时间因数开关的位置,计算其峰值电压 V_{pp}、信号周期及频率,填入下表。

表 8-3　数据表格

信号	波形最高点到最低点的幅值(格)	Y 通道偏转因数开关的位置	$V_{pp}(V)$	一个完整波形的水平长度(格)	扫描时间因数开关的位置	$T(ms)$	$f(Hz)$
正弦波							
方　波							
微分波							
积分波							
三角波							

4) 观察李萨如图形

若在示波器的 CH1 通道加上一正弦波信号,在示波器的 CH2 通道加上另一正弦波信号,当两正弦波信号的频率比值为简单整数比时,在荧光屏上将得到轨迹封闭的稳定几何图形,即李萨如图形,如图 8-12 所示。这些李萨如图形是两个相

互垂直的简谐振动合成的结果,它们满足

$$f_y : f_x = n_x : n_y$$

其中,f_x 代表 CH1 通道上正弦波信号的频率,f_y 代表 CH2 通道上正弦波信号的频率,n_x 代表李萨如图形与假想水平线的切点数目,n_y 代表李萨如图形与假想垂直线的切点数目。

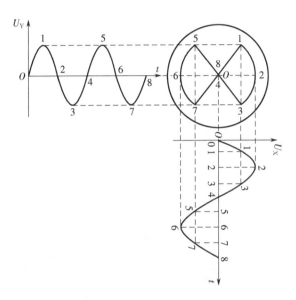

图 8-11 李萨如图形的合成原理

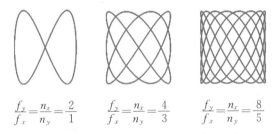

$$\frac{f_y}{f_x} = \frac{n_x}{n_y} = \frac{2}{1} \qquad \frac{f_y}{f_x} = \frac{n_x}{n_y} = \frac{4}{3} \qquad \frac{f_y}{f_x} = \frac{n_x}{n_y} = \frac{8}{5}$$

图 8-12 不同频率比的李萨如图形

● 将多种波形信号发生器产生的正弦波信号输入到水平系统,然后将 DF1641 型信号发生器产生的正弦波信号输入到垂直系统,即将信号分别输入 CH1 和 CH2 通道,以 $X-Y$ 方式合成(扫描速率选择开关 SEC/DIV 逆时针旋到底)。

● 调节信号幅度或改变通道偏转因数,使图形不超出荧光屏视场,观察李萨如图形。

● 记录调节过程，在下表中画出所观察到的李萨如图形。

表 8-4　数据表格

$f_x : f_y$	1 : 1	1 : 2	2 : 1	3 : 4
f_x				
f_y				
李萨如图形				

7. 分析思考

1）如果打开示波器电源后，看不到扫描线也看不到光点（如图 8-13a），可能有哪些原因？应分别怎样调节？

2）当 Y 轴输入端有信号，但屏上只有一条水平线或竖直线时（如图 8-13b、c），是什么原因？应如何调节才能使波形沿 Y 轴展开？

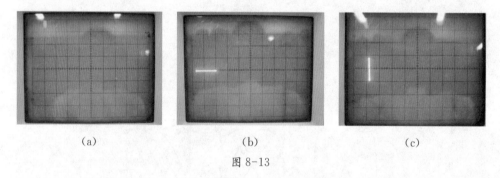

(a)　　　　　　　　(b)　　　　　　　　(c)

图 8-13

3）用示波器观察正弦波信号时，若荧光屏上出现下图中的图形（图 8-14a、b、c），哪些旋钮的位置不对？应如何调节？

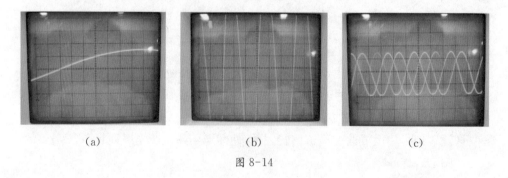

(a)　　　　　　　　(b)　　　　　　　　(c)

图 8-14

8. 拓展阅读

图 8-15　60 多年前 Tektronix 公司的 511 型示波器

图 8-16　手持式示波器

20 世纪 40 年代,雷达和电视的发展需要性能良好的波形观察工具,泰克成功开发出带宽 10 MHz 的同步示波器,这是近代示波器的基础。50 年代半导体和电子计算机的问世,促进了电子示波器的迅速发展。70 年代模拟式电子示波器达到高峰。模拟示波器是一种实时检测波形的示波器,它不具有存储记忆的功能。从外观上看,模拟示波器上有很多键钮,使用时要对键钮进行调节,它和数字示波器在外观上最大的区别是没有菜单按键。

80 年代数字示波器异军突起。数字示波器一般都具有存储记忆功能,能存储记忆测量过程中任意时间的瞬时信号波形,因此被称为数字存储示波器。因为模拟示波器要提高带宽,需要示波管、垂直放大和水平扫描全面推进,而数字示波器要改善带宽只需要提高前端的 A/D 转换器的性能,对示波管和扫描电路没有特殊要求;加上数字示波管能充分利用记忆、存储和处理,以及多种触发和预前触发能力,因此数字示波器相对模拟示波器有很多优势。但是在数字示波器发展初期,模拟示波器的某些特点如操作简单、垂直分辨率高且连续无限级、数据更新快等,是数字示波器所不具备的。

90 年代,数字示波器除了提高带宽到 1 GHz 以上,更重要的是它的全面性能超越模拟示波器,取样率和更新率提高,达到模拟示波器相同水平,最高可达每秒 40 万个波形,使观察偶发信号和捕捉毛刺脉冲的能力大为增强。通过采用多处理器加快信号处理能力,从多重菜单的烦琐测量参数调节,改进为简单的旋钮调节,甚至完全自动测量,在使用上与模拟示波器同样方便。

进入 21 世纪,高端数字示波器的性能指标还在不停地刷新着记录,带宽、采样率都高达几十吉,可分析存储深度也有了惊人的发展。数字示波器的主要技术指标为带宽、采样速率、存储深度和波形更新速率,但在选择数字存储示波器时不但要看技术指标,更重要的是针对复杂信号的实际测量。

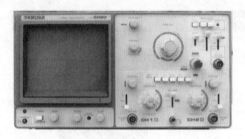

图 8-17　模拟示波器

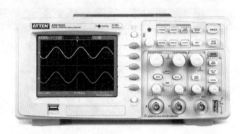

图 8-18　数字示波器

　　目前主要的模拟示波器的制造厂商正在呈现逐渐减少的趋势。美国从上世纪90年代中期就已经停止了模拟示波器的生产,日本也只剩2～3家,国内尚有10家左右。数字示波器主要的生产厂家是美国安捷伦公司、泰克公司、力科公司,以及台湾固纬公司、北京普源精电公司等。其中美国的三大公司无论在技术上还是在市场份额上都遥遥领先。由于模拟示波器具有三维显示中较重要的亮度信息,同时有高达几十万次的刷新速率,模拟示波器具有时间上的无限分辨力,也就是模拟示波器对输入信号的测量在时间上是连续的。因此中低档的数字示波器还不能完全取代模拟示波器。目前,模拟示波器主要应用在高校的实验室、生产线、维修和部分特殊领域的测试。

实验九

光电池特性的研究

1. 知识介绍

光电池是一种特殊的半导体元件,基于光生伏特效应能够将光能直接转化为电能。光生伏特效应是指半导体在光的照射下产生电动势的现象。

光电池在光电技术、自动控制、计量检测、光能利用等很多领域都得到广泛应用。最早的光电池是用掺杂的氧化硅来制作的,其他的材料有硅、硒、锗、氧化亚铜、硫化镉、砷化镓等多种。这些用于制造光电池的半导体材料分为两种基本类型,正电型(或 P 型态)和负电型(或 N 型态)。

晶体中电子的数目总是与核电荷数目相等,所以单就 P 型和 N 型半导体而言是电中性的。当 P 型和 N 型半导体结合在一起时,在这两种半导体的交界面区域里会形成一个特殊的薄层。薄层 N 区的电子会扩散到 P 区,P 区的空穴会扩散到 N 区,这是由于 P 型半导体多空穴,N 型半导体多自由电子。一旦扩散就形成了一个由 N 指向 P 的"内电场",从而阻止扩散进行,达到平衡后,就形成了一个具有电势差的特殊薄层,这就是 PN 结。

当光照射在光电池上,光子将电子从 P 型和 N 型半导体中的共价键中激发出来,产生电子-空穴对。由于内电场作用,电子向带正电的 N 区运动,空穴向带负电的 P 区运动,在 P 区和 N 区之间产生一个向外的电势差(图 9-1)。此时在 P 型层引出正极,在 N 型层引出负极,它们之间就会有电流通过,即利用光生伏特效应将光能转化为电能。

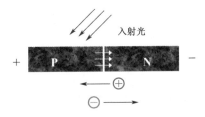

图 9-1 PN 结光生伏特效应原理图

光伏发电是利用半导体界面的光生伏特效应将光能转变为电能的一种技术，太阳能电池是这种技术的关键元件。太阳能电池经过串联后，进行封装保护可制成大面积的太阳电池组件，再配合上功率控制器等部件就形成光伏发电装置。

光伏发电有许多优点：

（1）太阳能取之不尽，用之不竭，基本无污染，是清洁能源；

（2）太阳能发电几乎不受地域限制，太阳照射到的地方就可以利用太阳能发电；

（3）光伏发电系统安全可靠、基本无噪声且维护成本低；

（4）随着近年来微小型半导体逆变器的迅速发展，光电池的使用更加方便与快捷。

按制造太阳能电池的材料分类，可分为硅太阳能电池、化合物太阳能电池、燃料敏化太阳能电池和有机薄膜太阳能电池几种。其中硅太阳能电池（图9-2、图9-3）转换效率高达10%甚于20%以上，所以应用十分广泛。

图9-2　太阳能便携式电源

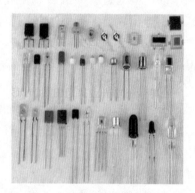

图9-3　各种型号硅光电池

2. 实验目的

1）光电池负载特性的测量；
2）光电池开路电压随光强变化特性曲线的测量；
3）光电池短路电流随光强变化特性曲线的测量；
4）练习曲线作图。

3. 实验原理

光电池的种类很多，但基本原理相同，下面重点介绍硅光电池。

硅光电池是在一块 N 型硅片上用扩散方法掺入一些 P 型杂质,形成 PN 结,硅片的上表面涂有一层防反射膜,其形状有圆形、方形、长方形,也有半圆形。当光照射到硅光电池上,在内部电场作用下,由光子产生的空穴和电子分别向 P 区和 N 区移动,使 PN 结两端产生光生电动势。从硅光电池的 P、N 两区接出正、负极引线,就形成光电池,若光电池两端连接负载电阻,则将产生光电流,如图 9-4 所示。

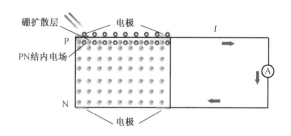

图 9-4　硅光电池的结构示意图

硅光电池的主要特性有:

1) 光谱响应特性

光谱响应是指光电池输出电信号的大小和某个波长入射光功率之比,是光电探测器的一个重要性能指标,反映了光电探测器的灵敏度,决定了它的应用范围。

制造光电池的材料不同,光谱响应峰值所对应的入射光波长是不同的,硅光电池在 780 nm 附近,硒光电池在 590 nm 附近,更接近于人眼的灵敏度峰值。硅光电池的光谱响应波长范围为 400~1100 nm,而硒光电池只能为 380~750 nm,可见,硅光电池可以在很宽的波长范围内得到应用。把不同波长的光谱响应画成曲线,就是光谱响应曲线。通常是把光谱响应的最大值取为 1,其他值作归一化处理,这样的曲线也叫相对

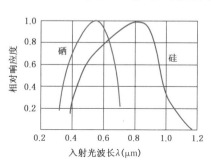

图 9-5　硅和硒的光谱相对
响应度分布曲线

响应度分布曲线,如图 9-5 所示是硅和硒的光谱相对响应度分布曲线。

2) 负载特性

在一定的光强下,测量硅光电池的输出功率情况:在光电池输出端接负载电阻 R_L 时,则有对应的端电压、负载电流和输出功率。只有当 R_L 为某一定值时,光电池的输出功率达到最大,此时的阻值就是最佳匹配电阻大小,能量转换效率最高。如图 9-6 所示,在该光强下的最佳匹配电阻阻值为 2000 Ω 左右。在一些实际应用

中,必须考虑最佳匹配电阻的选取。

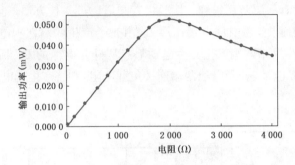

图 9-6　硅光电池负载特性曲线

3) 光电特性

　　光电池在不同光的照度下,其光电流和光生电动势是不同的,它们之间的关系就是光电特性。当硅光电池两端开路时,测得输出的电压为开路电压 U_{oc},光电池的开路电压 U_{oc} 与光强的对数成正比(图 9-7);当输出端短路时通过光电池的电流,称短路电流 I_{sc},短路电流 I_{sc} 和光强成正比(图 9-8),所以为了获得好的线性响应,负载电阻应取得小些。

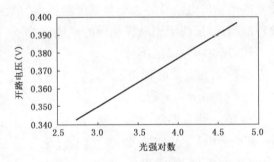

图 9-7　开路电压与光强对数成正比

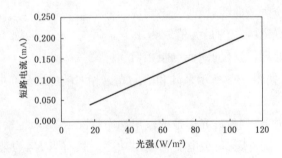

图 9-8　短路电流与光强成正比

4) 温度特性

光电池的温度特性是描述光电池的开路电压和短路电流随温度变化的特性。由于它关系到应用光电池的仪器设备的温度漂移,影响到测量精度或控制精度等重要指标,因此温度特性是光电池的重要特性之一。通常开路电压随温度升高而下降的速度较快,短路电流随温度升高而缓慢增加(图9-9),所以在实际应用光电器件时,必须注意温度变化带来的影响。

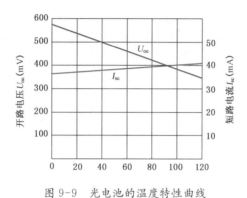

图 9-9　光电池的温度特性曲线

4. 实验仪器

GD2000 光电池特性测量仪,采用单片计算机智能测量技术完成对光电池的开路电压、短路电流以及负载特性曲线的测量。其工作原理如图9-10所示。

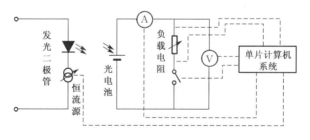

图 9-10　测量原理图

通过改变恒流源的电流使发光二极管输出光强达到所需值(通过标准探头测量),改变负载电阻阻值,测出不同阻值下负载电阻上的电流和电压,研究光电池的负载特性。调节负载电阻到极小值(约 20 Ω),测量不同光强下,负载电流值,可以得到短路电流随光强变化曲线。断开图中开关,即可测量不同光强下光电池开路电压。

光电池测量仪由主机、标准探头、样品座(内装测量对象:硅光电池)组成。测量分为两步,第一步:用固定螺圈把标准探头安装到标准光源上,连接好电缆。对标准光源光强进行标定(根据需要选定数个光强进行标定)。第二步:把需要测量的光电池安装到样品座上;从标准光源上取下标准探头,换上样品座,对光电池特性进行测量。

仪器前后面板如图 9-11、图 9-12。前面板上的负载电阻调节旋钮,顺时针方向旋转电阻值增大。

图 9-11　前面板

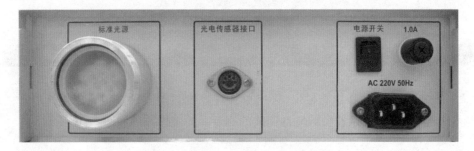

图 9-12　后面板

5. 注意事项

1) 连接电缆时请注意指针的方向,如果没有对齐指针就插入会损坏电缆。

2) GD2000 光电池特性测量仪断电后,数据全部清零,所以在实验过程中不要切断电源,否则数据必须全部重新测量。

3) 实验完成后请旋上后盖,防止标准光源落上灰尘。

4) 注意负载电阻的可调节范围是 $11\sim4100$ Ω,在测量负载特性时,请等间隔选取 20 个电阻值。设定光强为 90 W/m² 左右和 40 W/m² 左右,研究在这两个光强下的光电池负载特性。

5) 测开路电压或短路电流随光强变化的特性曲线时,选取光强值最大不能

超过 100 W/m^2。

6. 实验内容

安装好标准探头。按【光强选定】键,液晶显示器上将显示当前发光二极管(即标准探头)的光强值;此时按【参数增加/光标上移】、【参数减小/光标下移】键,改变发光二极管工作电流,使标准光源的输出光强变化;当光强达到合适的光强时,再按【光强选定】键,此时发光二极管工作电流值与光强值被保存下来。重复以上过程,标定好全部所需光强值。

取下标准探头,换上装有待测光电池的样品座,即可对光电池进行测量。

1) 光电池负载特性的测量

● 按【光强选定】键,显示所有已标定的光强值。按【参数增加/光标上移】、【参数减小/光标下移】键,上下移动显示器左端的右箭头,选择一个光强值,再次按【光强选定】键,则在所选的光强值的右边出现一个"＊",表示该光强即为当前标准光源的光强值。

● 按【测量】键,显示器将显示出当前所使用的光强和光电池的负载电阻的大小。转动【负载电阻】调节旋钮,即可改变光电池负载电阻的大小(电阻值实时显示),按【测量】键,该阻值下光电池输出电压与电流值被测量并保存。改变负载电阻值,测出不同阻值下光电池输出电压与电流值,即可得到所选光强下光电池的负载特性曲线。

● 重复上述步骤,测出另一光强下的负载特性曲线。完成表 9-1。

表 9-1　光电池负载特性的测量

	光强(W/m^2)								
光强一	负载 $R_z(\Omega)$								
	输出电压(V)								
	负载电流(mA)								
	输出功率(mW)								
	负载 $R_z(\Omega)$								
	输出电压(V)								
	负载电流(mA)								
	输出功率(mW)								

（续 表）

	光强（W/m²）								
光强二	负载 R_x（Ω）								
	输出电压（V）								
	负载电流（mA）								
	输出功率（mW）								
	负载 R_x（Ω）								
	输出电压（V）								
	负载电流（mA）								
	输出功率（mW）								

2）光电池开路电压随光强变化特性曲线的测量

● 按【测量】键，转动负载电阻调节旋钮，使负载电阻的阻值大于 4100 Ω，内部电路使负载开路，显示器显示的负载电阻值将变为"∞"。

● 按光电池负载特性的光强选定所述方法，选择一光强值；连续按【测量】键两次，得到该光强下的光电池开路电压值。

● 重复上面过程，选择不同光强值，即可得到光电池开路电压随光强变化曲线。

表 9-2　光电池开路电压随光强变化特性曲线的测量

光强（W/m²）								
开路电压（V）								
光强（W/m²）								
开路电压（V）								

3）光电池短路电流随光强变化特性曲线的测量

● 按【测量】键，转动【负载电阻】调节旋钮，使负载电阻的阻值小于 15 Ω，当负载电阻的阻值小于 15 Ω 时，可以近似认为光电池为短路状态（光电池内阻一般数百欧姆）。

● 按光电池负载特性的光强选定所述方法，选择一光强值；连续按【测量】键两次，得到该光强下的光电池短路电流值。

● 重复上面过程，选择不同光强值，即可得到光电池短路电流随光强变化曲线。

表 9-3　光电池短路电流随光强变化特性曲线的测量

光强（W/m²）								
短路电流（mA）								
光强（W/m²）								
短路电流（mA）								

4）根据实验数据作图，并对实验结果进行分析讨论。

7. 拓展阅读

　　太阳能电池发展至今已有一百多年历史。早在 1839 年，法国物理学家安托石·贝克雷尔发现了光生伏特效应，制造了贝克雷尔电池，这种电池一经阳光照射，就会供给电流。1875 年，德国技师维尔纳·西门子制成第一个硒光电池，硒在光的作用下，不仅出现电阻的变化，而且在一定条件下还出现电动势，且有"阻挡层效应"，该效应是光电池的基本工作原理。1883 年，美国科学家查尔斯制造出第一个硒制太阳能电池。20 世纪 30 年代，硒制电池及氧化铜电池被应用在一些对光线敏感的仪器上，例如光度计及照相机的曝光针。1946 年贝尔实验室的欧尔（Russell Ohl）开发出现代化的硅制太阳能电池。1954 年，硅制太阳能电池的转化效率提高到 6% 左右，如何降低太阳能电池成本成为业内关心的重点。1974 年，Haynos 等人利用硅的非等方性的蚀刻特性，在太阳能电池表面的硅结晶面，蚀刻出许多类似金字塔的几何形状，有效降低了太阳光从电池表面的反射损失，太阳能电池的能源转换效率提高到 17%。

　　最初太阳能电池主要应用在人造卫星（图 9-13）、无人气象站等处。随着能源转换效率的提高和制作成本的降低，太阳能电池逐渐进入了人们的日常生活生产中，如太阳能汽车（图 9-14）、太阳能路灯、建造太阳能住宅（光电池作屋顶、外墙、窗户等，如图 9-15 所示）等。此外，太阳能电池还可用于边远无电地区，为高原、海岛、边防哨所等军民生活用电提供小型电源；为石油管道、石油钻井平台、海洋检测设备、气象、水文观测设备等提供电源。

图 9-13　人造卫星

图 9-14　太阳能汽车

图 9-15　太阳能房屋

　　近些年随着光伏发电技术的快速发展,美、日、欧和发展中国家都制定出庞大的光伏发电技术发展计划,希望能大幅度提高光电池转换效率和稳定性,不断扩大太阳能电池的产业化。太阳能光伏发电有望在世界能源构成中占据重要的地位,成为 21 世纪的重要新能源。

实验十

驻波与克拉尼图形

1. 知识介绍

　　波动是物质运动的重要形式,按照波的性质可以分为机械波和电磁波(包括光波)。机械波是质点的机械运动在空间的传播过程,例如弦线中的波、水面波、空气或固体中的声波等。所有的波都携带能量,并在传播中传输能量,机械波传输机械能,电磁波传输电磁能。

　　一般情况下我们所说的波是指不断前进的波,伴随着能量的传递。但是在自然界中,还存在着一些似乎囚禁在某个空间的波,其能量被束缚无法传递出去。为了区分这两种形式的波,我们称前者为行波,后者为驻波。例如紧靠陡壁附近的海水面,波浪只随时间做周期性升降,海水呈往复流动,海水就像是被"囚禁"在岸壁边,并不向前传播。这是由于受岸壁的限制,海浪发出的波与岸壁反射回来的波相互干扰,使海水的波面只是随时间做周期性的升降,并且每隔半个波长就有一个波面升降幅度为最大的断面,当波面处于最高和最低位置时,其水平速度为零,波面的升降速度也为零;当波面处于水平位置时,流速的绝对值最大,波面的升降也最快,这是驻波运动独有的特性。

　　下面以图 10-1 示意驻波的形成。弦线的一端与音叉一臂相连,另一端在 O 点固定。音叉振动后在弦线上产生一自左向右传播的行波,传到固定点 O 后发生反射,产生一自右向左传播的反射波,两列波在弦线上叠加。当弦线长度接近 1/2

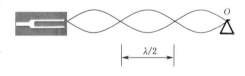

图 10-1　音叉振动驻波演示

波长的整数倍时,前进波和反射波叠加的某些位置点保持不动,振幅为零,称为波节,而其他位置点只做上下振动,但振幅不同,振幅最大处称为波腹,此时弦线上的振动即为驻波。驻波的波节两侧振动相位相反,相邻两波节或波腹间的距离都是半个波长。由此可以看出驻波的波面包含一系列的波腹和波节,腹节相间,波腹处的波面高低虽有周期性变化,但其水平位置是固定的,波节的位置也是固定的。这与行波的波峰、波谷沿水平方向移动的现象正好相反,驻波的形状不传播,因此波的能量亦传播不出去,只是以动能和势能的形式交换储存。

驻波有一维驻波、二维驻波等。按某些频率激发弦乐器的弦线振动,弦线就会形成一维驻波。对于话筒的膜片、锣鼓鼓面,它们形成的驻波分布在膜片曲面或者鼓面平面上,是二维驻波。

1787 年,德国物理学家克拉尼(图 10-2)在研究薄板复杂振动时突发灵感,在板上撒上薄薄的一层细砂。当薄板以一定方式振动时,发现波腹处的细砂由于振动而被"抖出",离开波腹,波节的细砂则保持不动,最终细砂在板上"画"出了一幅幅独特的图形,此即二维驻波图形。由于该图形是由克拉尼第一个创造出来,因此被命名为克拉尼图形。1809 年,克拉尼图形在巴黎的科学家集会上展出时强烈地吸引了观众,拿破仑看了这一演示后说"克拉尼的声音被我看见了"。

图 10-2 克拉尼

图 10-3 所示的两种图案为克拉尼(二维驻波)图形。

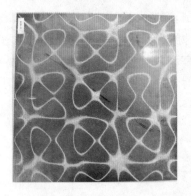 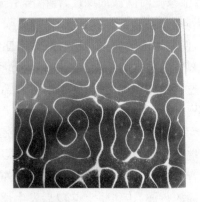

图 10-3 两种克拉尼图形

2. 实验目的

1) 学习驻波的产生原理、驻波方程、波节和波腹的概念;
2) 观察不同长度、不同频率、不同松紧状态下弦线上驻波的变化;
3) 观察不同频率下的克拉尼图形。

3. 实验原理

　　驻波是指振幅、频率、传播速度都相同的两列波,在同一直线上沿相反方向传播时互相叠加而形成的波。当弦线上的前进波遇到障碍物后反射,反射波与前进波叠加,如图 10-4 所示,图中绿线代表前进波,蓝线代表反射波,红线代表叠加波。从图上可以看出,前进波和反射波叠加后形成驻波时,固定在 AB 两端的弦线长度等于半波长的整数倍。驻波从波形上已看不出波在前进,在弦线上的某些点始终不动,这些静止不动的点称为波节,相邻两个波节中间的点只做上下振动,振动最大处称为波腹,相邻两波节或波腹间的距离都是半个波长,如图 10-5 所示。

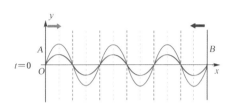

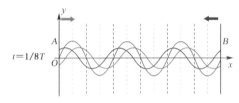

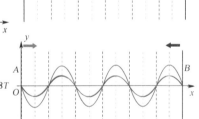

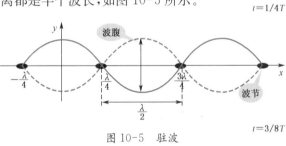

图 10-5　驻波

　　弦线上的前进波 y_1 和反射波 y_2 的表达式分别为:

$$y_1 = A\cos 2\pi(ft - kx)$$
$$y_2 = A\cos 2\pi(ft + kx)$$

(10-1)

其中,A 为波的振幅,f 为波的振动频率,k 为波数,它等于波长 λ 的倒数。前进波与反射波在空间叠加后,其合振动为

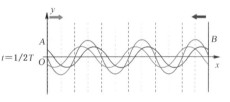

图 10-4　驻波的形成

$$y = y_1 + y_2 = 2A\cos 2\pi kx \cos 2\pi ft$$

(10-2)

它是位置 x 的函数 $\psi(x) = 2A\cos 2\pi kx$ 和时间 t 的函数 $F(t) = \cos 2\pi ft$ 的乘积,可

见弦上各点的振幅只随 x 变化,和时间无关。当 $x = \pm n\dfrac{\lambda}{2}(n = 0, 1, 2, 3, \cdots)$,则 $y = 2A$,即此位置振幅最大为 $2A$,是波腹。当 $x = \pm(2n+1)\dfrac{\lambda}{4}(n = 0, 1, 2, 3, \cdots)$,则 $y = 0$,即此位置振幅为零,是波节。两端固定的均匀弦线上出现驻波的条件:$L = n\lambda/2(n = 0, 1, 2, 3, \cdots)$。

膜和板的振动,例如话筒的膜片、鼓面等的振动,波在四周固定的边界往复的反射形成的驻波是二维驻波,这些驻波分布在平面或曲面上。如图 10-6 所示,矩形膜上的二维驻波,蓝色阴影部分和明亮黄色部分振动反相,两者的交线为波节。图 10-7 显示的是鼓皮上的二维驻波。

 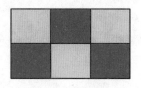 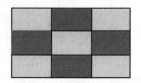

图 10-6　矩形膜

图 10-7　鼓皮上的二维驻波(几种简正模式)

二维驻波的波函数也可以表示为位置函数 $\psi(x, y)$ 与时间函数 $F(t)$ 这两部分的乘积。膜片的振动从 x 方向可以看成是许多平行于 x 轴的线条上的驻波联结在一起;从 y 方向可以看成是许多平行于 y 轴的线条上的驻波联结在一起。膜的本征频率与边界条件等许多因素有关,它们不等于一个基频的整数倍,其情况非常复杂,本实验不展开论述。

4. 实验仪器

XD7 型正弦波信号发生器的面板如图 10-8 所示。该信号发生器可输出频率范围从 20 Hz 到 200 kHz 的正弦波信号。信号的电压幅度可调,并可通过伏特表显示。在使用时要注意输出阻抗和外接阻抗匹配。

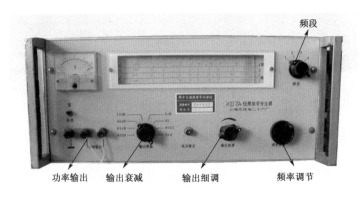

图 10-8　XD7 型正弦信号发生器

图 10-9 为弦线上驻波的实验装置。左边为信号发生器,正弦波信号通过两根信号线送到喇叭上。一根弦线两端固定,其中一头和喇叭相连,另一头连着砝码钩。喇叭的振动带动弦线振动,如果两端固定弦线满足了驻波形成条件,弦线振动时就会出现驻波。

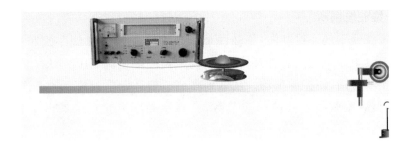

图 10-9　弦上驻波实验装置图

图 10-10 为克拉尼板装置。把压电陶瓷片贴在板下,压电陶瓷片与信号发生器连接,在板上均匀撒上细砂。通电后,压电陶瓷片使板振动,调节信号发生器的输出频率达到某一值时,发现细砂都聚集在没有振动的波节上,呈现克拉尼图形。

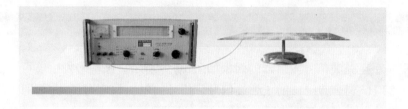

图 10-10　克拉尼板装置

5. 注意事项

1) 观察一维振动驻波时,频段旋钮置于 1 挡,输出衰减旋钮置于 8 Ω 挡,使用频率不超过 200 Hz,输出电压不得超过 2 V。

2) 改变弦线长度、松紧程度等操作:

● 应先用手提起弦线所挂的重物,防止拉力过大损坏喇叭;

● 实验结束后及时取下全部重物。

3) 观察二维驻波振动时,频段旋钮置于 3 挡,输出衰减旋钮置于 5 kΩ 挡,克拉尼板务必要放平,细砂均匀撒在克拉尼板上。

4) 二维驻波实验结束后,细砂要回收,请用小刷扫回细砂盒里。

6. 实验内容

1) 一维驻波振动

● 观察弦线上的一维驻波:把弦线放长至 80 cm,在和弦线一端相连的砝码钩上套上 3 个砝码。打开信号发生器,频段旋钮调至 1 挡,输出衰减旋钮调至 8 Ω 挡,使振源振动。从低到高调节信号发生器输出频率,当出现驻波时,观察弦线上驻波的波节数,并观察频率变化后驻波波节数的增减现象。

● 使弦线上出现两个完整波腹(弦线两端均为波节),测出驻波半波长 $\lambda/2$(相邻波节之间距离)、波腹 A、频率 f_1,填入表 10-1。

● 改变信号发生器输出频率,当出现 5 个完整波腹时,测出此时的半波长 $\lambda/2$,记录下信号发生器输出的信号频率 f_2,填入表 10-1。

根据上述实验步骤,写出该驻波的表达式,并计算出波的传播速度 v。完成表 10-1。

表 10-1　一维驻波振动

弦线长度＿＿＿cm；　　　　受力砝码__3__个

半波数	$\lambda/2$	波腹 A	频率 f(Hz)	v(m/s)
2				
5				

$$y = y_1 + y_2 = \underline{\hspace{5cm}}$$

- 改变受力砝码个数,调节信号输出频率,使弦线上出现两个完整波腹,将相应的频率记录下来,并求出波速,观察弦线的松紧程度对波速的影响并讨论。完成表 10-2。

表 10-2　弦线松紧对波速的影响

砝码数(个)	弦线状态	频率 f(Hz)	v(m/s)	观察讨论
2	较松			
4	较紧			
6	很紧			

- 改变弦线长度,调节信号输出频率,使弦线上出现两个完整波腹,将相应的频率记录下来,求波速,观察不同的弦线长度对波速的影响并讨论,完成表 10-3。

表 10-3　弦线长短对波速的影响

弦线长度	频率 f(Hz)	v(m/s)	观察讨论
50 cm			
70 cm			
90 cm			

2) 二维振动

- 观察克拉尼图形:将压电陶瓷片贴在板下,并固定住。在板上均匀地撒上细砂,将信号发生器的频段旋钮调至 3 挡,输出衰减旋钮调至 5 kΩ 挡,打开信号发生器电源,由低到高调节信号发生器输出频率。当出现稳定的克拉尼图形时,记下此时的频率。
- 用小刷刷去板上细砂的图形。继续增加信号发生器的输出频率,测出出现各种克拉尼图形所对应的频率,并在纸上画出几个典型的克拉尼图形,完成表 10-4。

表 10-4　克拉尼图形

出现克拉尼图形的频率范围_____

图形频率 f(Hz)			
克拉尼图形			

7. 观察与思考

1）波在弦线上的传播速度与弦线的松紧程度有什么关系？如果所使用的弦线是由不同材料联结在一起的，会出现什么现象？试分析。

2）试分析弦乐器发音的音调和弦的哪些因素有关，为什么？

3）克拉尼图形与所使用克拉尼板的形状、厚度及均匀性是否有关？

4）驻波和波的干涉有什么区别？

8. 拓展阅读

1）弦线上的驻波

人们很早就发现两端固定绷紧的弦线上被拨弹后会发出悦耳的声音，并且会运用不同音高的乐音组合得到优美的音乐，但是直到 17 世纪初，伽利略才从物理的角度对音调与频率的关系进行研究，他发现弦的振动频率与弦的长度、张力和质量有关。同时期的法国数学家默森推导出了弦的振动频率与弦的张力、弦的密度、弦的直径、弦的长度之间的关系，并且指出，弦线除了产生频率为 n 的基音之外，还同时产生频率为 $3n$ 和 $5n$ 的两个与基音谐和的泛音。随后英格兰的沃利斯和法国的绍韦尔在实验中观察到：振动着的弦可以部分振动，即在某些点处没有位移产生，而某些点处则具有强烈的位移，绍韦尔分别称之为波节和波腹，并指出这种形式的振动频率与弦的简单振动频率呈倍数关系，这就是驻波。

管弦乐器和打击乐器均是由于产生驻波而发声，当弦或管内空气柱的长度 L 等于半波长的整数倍，即 $L = k\dfrac{\lambda}{2}$（k 为整数，λ 为波长）时，可得到最强的驻波。$k = 1$ 时，振动频率最低，称为基频或基音；$k > 1$ 时，振动频率较高，称为泛音。基音和泛音统称谐音。如图 10-11 所示。

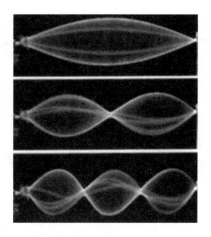

图 10-11　管弦乐中的驻波演示

2) 鱼洗

鱼洗(图 10-12)是古代盥洗用具,金属制,形似现在的脸盆。盆底装饰有鱼纹的,称"鱼洗";盆底装饰两龙纹的,称"龙洗"。这种器物在先秦时期已被普遍使用,而能喷水的铜质鱼洗大约出现在唐代。它的大小像一个洗脸盆,底是扁平的,盆沿左右各有一个把柄,称为双耳,盆底刻有四条鲤鱼。

图 10-12　鱼洗

鱼洗的奇妙之处在于,当盆内注入一定量清水,用潮湿双手来回摩擦盆边两耳时,盆会像受到击撞一样振动起来,并发出嗡鸣声,摩擦到一定程度,会有如喷泉般的水珠从鱼洗中四条鱼嘴中喷射而出,水柱甚至高达几十厘米(见图 10-13)。传说在古代,鱼洗曾作为退兵之器,因为摩擦后的鱼洗发出轰鸣声,众多鱼洗可汇成千军万马之势,传数十里,敌兵闻声却步。

"鱼洗喷水"这一奇妙现象的物理原理可从振动与波的角度来分析。当用双手

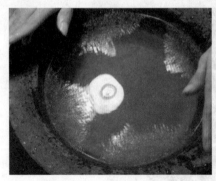

图 10-13　摩擦鱼洗双耳演示图

来回摩擦铜耳时,形成铜盆的自激振动,这种振动在水面上传播,并与盆壁反射回来的反射波叠加形成二维驻波。理论分析和实验都表明这种二维驻波的波形与盆底大小、盆口的喇叭形状等边界条件有关。把鱼嘴设计在水柱喷涌处,说明我国古代对振动与波动的知识已有相当的掌握,并且中国的"鱼洗喷水"要比克拉尼的振动板早上七个世纪。

实验十一

利用单摆测重力加速度(仿真实验)

1. 知识介绍

微风中来回晃动的风铃、游乐场里荡来荡去的秋千、挂钟下往复不停摆动的钟摆,所有这些现象都可以称为摆动,它们都是振动的一种特殊形式,都经历了运动状态循环往复不断改变的过程。所谓振动,就是系统经过其平衡位置所作的往复运动或系统中某一物理量在其平衡值附近来回地变动。

想要了解振动这一复杂而有趣的现象就要先从较为简单的情况入手,简谐振动正是振动现象中的一种物体受力及运动状态相对简单的特殊情况:做简谐振动的物体(振子)受到一个大小和方向都作周期性变化的回复力作用;单位时间内简谐振动次数(频率 f)保持不变,亦即往复振动一次所需的时间(周期 $T = 1/f$)保持不变;振子偏离平衡位置的最大位移(振幅)保持不变,并将一直持续下去。简谐振动位移与周期的关系,用公式可描述为

$$y(t) = y_0 \cdot \sin(\omega t + \varphi_0) \tag{11-1}$$

其中 $y(t)$ 为振子偏移平衡位置的位移,y_0 为振子的振幅,$\omega = 2\pi f$ 为振子的角频率,ωt 即为 t 时刻的相位角,φ_0 是 $t=0$ 时刻系统的相位角。

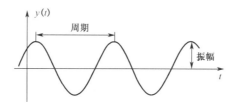

图11-1　简谐振动振幅随时间的变化关系

从图 11-1 及公式(11-1)不难看出,位移随时间呈现出周期性变化的规律。有了振子位移随时间的变化关系,我们可以通过速度的定义——单位时间内物体位移的改变量,获得振子的振动速度随时间的变化关系。

$$v(t) = \omega \cdot y_0 \cdot \cos(\omega t + \varphi_0) \tag{11-2}$$

显然振子的运动速度也随时间做周期性变化:当振子达到位移最大值($y(t)$ $= y_0$)时其速度为零($v(t) = 0$),当其向平衡位置运动时速度不断增大,并在经过平衡位置($y(t) = 0$)时达到最大值($v(t) = \omega \cdot y_0$);继而当振子不断偏离平衡位置,其运动速度随之减小,直至到达位移最大值时,速度为零,如此循环往复。

简谐振动中最为简单直观的便是水平台面上的弹簧振子实验。如图 11-2 所示:台面光滑不考虑摩擦阻力,弹簧质量相对小球(振子)忽略不计,振子的运动与其大小形状无关,可简化为质点处理。如此一来,我们可以轻松地对其各运动阶段和几个特殊位置上的状态做仔细分析。

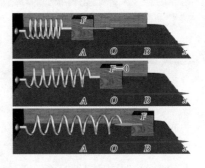

图 11-2　弹簧振子的振动

图 11-2 中 F 为弹簧振子所受到的系统回复力,A 和 B 为小球位移最大时所处的位置,O 点为小球的平衡位置。小球的各运动阶段及几个特殊位置的运动状态如下表所示。

表 11-1　小球在各阶段的运动状态

位置	A	$A{\rightarrow}O$	O	$O{\rightarrow}B$	B
位移大小	最大	减小	最小(为零)	增大	最大
速度大小	最小(为零)	增大	最大	减小	最小(为零)
动能	最小(为零)	增大	最大	减小	最小(为零)
势能	最大	减小	最小(为零)	增大	最大

由上表可见弹簧振子振动时系统的总机械能在动能和势能之间来回转化。简谐振动过程中,弹簧振子只受回复力的作用,不受任何阻力,不对外做功,系统没有能量输出、输入,总能量守恒,因此简谐振动是一种无阻尼的自由振动。弹簧振子将一直在 $A{\rightarrow}O{\rightarrow}B{\rightarrow}O{\rightarrow}A$ 之间不断往复,振子位移随时间的变化关系如图 11-1 所示,呈现周期性变化,振幅不会随时间变化。

在上述弹簧振子的实验基础上,考虑原水平台面的摩擦力,则在振子往复振动的过程中,除受到系统回复力 F 的作用外,还将受到与振子运动方向相反的摩擦

力 $f_摩$ 的作用。摩擦力 $f_摩$ 的计算公式为

$$f_摩 = mg \cdot \mu \qquad (11\text{-}3)$$

式中，m 为弹簧振子的质量，g 为本地的重力加速度，μ 为水平台面与弹簧振子间的动摩擦因数。可见，摩擦力 f 大小不变，而方向与振子运动方向相反，因此摩擦力始终对振子做负功，换而言之，振子始终在克服摩擦力做功，消耗了系统的总能量，从而导致系统总能量不断减小，振子振幅不断减小，直至总能量为零，振子完全停止振动。该振动过程称为阻尼振动，其位移与时间的变化关系如图 11-3 所示。除了摩擦力等简单的力学振动阻尼外，系统阻尼还包括电磁阻尼、介质阻尼、结构阻尼等多种形式。在运用微分方程求解阻尼振动的位移与时间关系时，还可通过引入阻尼比参量，将阻尼振动划分为欠阻尼振动、临界阻尼振动和过阻尼振动。

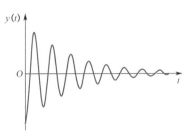

图 11-3　阻尼振动振幅随
时间的变化关系

在了解了简谐振动和阻尼振动之后，让我们重新回到对摆的研究上来。摆是一种实验仪器，可用来展现种种力学现象。最基本的摆由重锤和绳（或竿）组成。绳（或竿）的上端固定于某一定点，下端与重锤相连。当某一外力推动重锤使其偏离平衡位置并释放，重锤将在绳（或竿）的拉力和自身重力的作用下在平衡位置附近来回摆动。摆的种类较多，其中包括单摆、复摆、扭摆、可逆摆、等时摆等。伽利略·伽利雷（Galileo Galilei）首先发现和研究了单摆振动的等时性，并指出摆的周期与摆长的平方根成正比，而与摆的质量和材料无关。1673 年荷兰科学家克里斯蒂安·惠更斯（Christian Huygens）在此基础上提出了单摆的周期公式，并利用单摆的等时性制成了世界上第一架计时摆钟，从而将计时精度提高了近 100 倍。此外他还研究了复摆及其振动中心的求法，为摆的力学理论奠定了基础。

2.　实验目的

1）观察单摆运动规律，了解简谐振动的特性；

2）根据已知实验条件和精确度要求设计实验方法，测量本地重力加速度；

3）分析误差来源，拟定修正方法；

4）了解仿真实验系统，熟练掌握仿真实验软件的操作。

3.　实验原理

单摆由一根绝对挠性且长度不变、质量可忽略不计的线悬挂一个质点构成，它

在重力作用下在铅垂平面内做周期运动。当单摆的振动摆角小于 5°时，可近似认为是简谐运动。

下面以实例说明。如图 11-4 所示，一个质量为 m 的小球用细绳悬挂，细绳长度为 l，质量相对小球可忽略不计。将小球稍稍拉离平衡位置后释放，小球会在竖直平面内来回摆动，这样的装置就是单摆。当摆角小于 5° 且忽略空气阻力等外界因素对摆的影响时，小球的运动可视为简谐振动。对小球进行受力分析：作用在小球上的力共有两个，一个是细绳对小球的拉力 T，另一个就是小球自身受到的重力 $F=mg$，当摆线与平衡位置间成 θ 角时，小球自身重力在悬线方向上的分量与绳的拉力大小相等方向相反，相互抵消，小球只受到重力的切向分量 $F\sin\theta$ 的作用，沿圆周做切向运动。其运动方程为

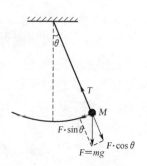

图 11-4　单摆

$$\theta = \theta_{\mathrm{m}}\cos(\omega t + \varphi) \tag{11-4}$$

其中 θ_{m} 为单摆的角振幅，$\omega = \sqrt{\dfrac{g}{l}}$ 为单摆的角频率，初相位 φ 由初始条件确定。

显然，单摆的运动方程（式 11-4）和简谐振动位移随时间的变化关系（式11-1）具有相同的形式。摆球在沿圆周做切向运动时，其所受到的切向力大小等于 $mg\sin\theta$，在小角度近似条件下（$mg\sin\theta \approx mg\theta$）切向力正比于角位移，方向与角位移方向相反，始终指向平衡位置。由此可见，摆球的运动方程再次表明单摆的小角度摆动可视为简谐振动，其周期为

$$T = \frac{2\pi}{\omega} = 2\pi\sqrt{\frac{l}{g}} \tag{11-5}$$

即单摆小角度摆动的周期只与绳长以及本地重力加速度有关，与摆球的质量或摆动的振幅无关。因此单摆不仅可以用来作为计时工具，还可以通过测量周期 T、摆长 l 求重力加速度 g。

4. 仿真实验软件

双击桌面"仿真实验大厅"，在用户登录界面上点击取消"匿名"选项框前的√，并在"用户名"和"密码"框中分别输入"student"和"123"，点击"登录"即可进入仿真实验大厅。

在仿真实验大厅左侧按实验类型分有"力学实验"、"热学实验"、"近代物理学

图 11-5　仿真实验系统登录界面

实验"、"电学实验"、"光学实验"、"电磁学"等内容。点击"力学实验",并在下拉实验项目列表中单击"利用单摆测重力加速度"打开实验简介。通过点击文字简介上方"实验简介"、"实验原理"、"实验内容"、"实验仪器"、"在线演示"、"实验指导书下载"在不同内容间进行浏览切换。

充分阅读实验相关内容后,双击实验大厅左侧的"利用单摆测重力加速度",程序将下载并自动打开实验操作界面。

图 11-6　仿真实验大厅

5. 实验内容

1）用误差均分原理设计一个单摆装置，测量重力加速度 g

设计要求如下：

● 根据误差均分原理，自行设计实验方案，合理选择测量仪器和方法；

● 写出详细的推导过程，实验步骤；

● 用自制的单摆装置测量重力加速度 g，测量精度要求 $\Delta g/g < 1\%$。

可提供的器材及参数如下：

● 游标尺、米尺、千分尺、电子秒表、支架、细线（尼龙线）、钢球、摆幅测量标尺（提供硬白纸板自制）、天平（公用）。

● 假设摆长 $l \approx 70.00$ cm；摆球直径 $D \approx 2.00$ cm；摆动周期 $T \approx 1.700$ s；米尺精度 $\Delta_{米} \approx 0.05$ cm；卡尺精度 $\Delta_{卡} \approx 0.002$ cm；千分尺精度 $\Delta_{千} \approx 0.001$ cm；秒表精度 $\Delta_{秒} \approx 0.01$ s；根据统计分析，实验人员开或停秒表反应时间为 0.1 s 左右，所以实验人员开/停秒表总的反应时间近似为 $\Delta_{人} \approx 0.2$ s。

2）进入实验操作主界面，仔细阅读主菜单内容

在系统主界面上单击"利用单摆测重力加速度"，即可进入显示实验室场景的主窗口。用鼠标在实验台面上四处移动，当鼠标指向仪器时，鼠标指针处会显示有关仪器的提示信息。主窗口如图 11-7 所示。

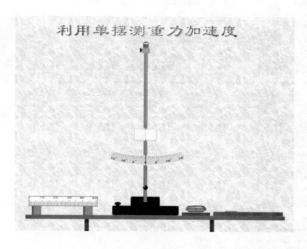

图 11-7　单摆仿真实验主界面

在主窗口上单击鼠标右键，弹出主菜单。主菜单包括以下几个菜单项："实验目的"、"实验内容"、"思考题"。以左键点击各项可进入相应的内容，进行实验操作前请仔细阅读。

点击主菜单上的"退出"项,弹出确认退出系统的对话框,点击"确定"退出,点击"取消"重新回到程序主界面。

3) 仪器操作

- 直尺:在主窗口中,以鼠标左键点击放在桌面上的米尺,打开使用米尺测量摆线与摆球直径子窗口(注意:当摆球摆动时,不可使用米尺),如图11-8。窗口中,可用鼠标拖动左边红框上下移动,同时右边的小窗口作为左边红框视野的放大显示随左边红框上下移动而改变显示内容。

- 调节摆线长度:移动鼠标到左边的窗口中调节旋钮上方,点击鼠标左键或右键以减少或增加摆线长度。减少或增加的幅度可由步长控制。

图 11-8　摆线长度及摆球直径测量界面

- 移动直尺:移动鼠标到右边的小窗口中直尺上方,点击鼠标左键抓取直尺可上下移动直尺。

- 游标尺:在主窗口中,以鼠标左键点击放在桌面上的游标尺,打开使用游标尺测量摆球直径子窗口,如图11-9。游标尺的操作信息可通过位于窗口下方的提示框获得。提示框内的内容显示的是根据鼠标放在游标尺的

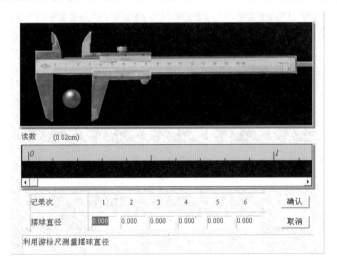

图 11-9　摆球直径测量界面

不同部件时如何对这些部件操作的信息。测量摆球直径时需多次测量取平均。

● 电子秒表:在主窗口中,以鼠标左键点击放在桌面上的电子秒表,打开使用电子秒表子窗口,如图 11-10 所示。电子秒表的计时操作是通过对用鼠标点击其上方两个按钮进行的。当鼠标移到这两个按钮上时,将显示有关按钮功能的提示。

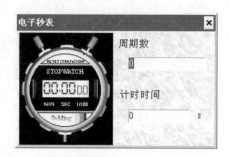

图 11-10　电子秒表计时界面

4) 对重力加速度 g 的测量结果进行误差分析和数据处理,检验实验结果是否达到设计要求。

5) 自拟实验步骤研究单摆周期与摆长、摆角、悬线的质量和弹性系数、空气阻力等因素的关系,试分析各项误差的大小。

6) 自拟实验步骤用单摆实验验证机械能守恒定律(选做)。

6. 分析思考

1) 如何根据已知条件和测量精度的要求选用适当的仪器?

2) 多次测量摆线长度能否提高实验精度?

3) 根据精确度要求设计实验方案,并对测量结果进行误差分析,检测实验结果能否达到设计要求。

4) 如何通过单摆实验验证机械能守恒定律?

7. 拓展阅读

1) 复摆

刚体在重力作用下绕固定水平轴摆动即构成复摆(Compound Pendulum),又称为物理摆(Physical Pendulum)。如图 11-11 所示,一个质量为 m 的任意形状刚体绕过 O 点的固定转轴摆动,J_O 为刚体绕 O 轴的转动惯量,h 为刚体重心 G 到 O 点的距离。当摆幅很小时,刚体绕 O 轴摆动的周期 T 近似为

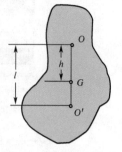

图 11-11　复摆示意图

$$T = 2\pi \sqrt{\frac{J_O}{mgh}} \qquad\qquad (11\text{-}6)$$

式中,g 为当地的重力加速度。举例说明,一根长度为 a,质量为 m 的匀质长杆一端固定做小角度摆动时,它绕固定端点的转动惯量 $J_O = \frac{1}{3}ma^2$,重心到端点的距离 $h = a/2$。根据公式(11-6),该匀质长杆的摆动周期为

$$T = 2\pi \sqrt{\frac{2a}{3g}} \,。$$

设复摆绕通过重心 G 的轴的转动惯量为 J_G,当 G 轴与 O 轴平行时,有

$$J_O = J_G + mh^2 \qquad\qquad (11\text{-}7)$$

代入公式(11-6)得

$$T = 2\pi \sqrt{\frac{J_G + mh^2}{mgh}} \qquad\qquad (11\text{-}8)$$

对比单摆周期的公式 $T = 2\pi \sqrt{\dfrac{l}{g}}$,可得

$$l = \frac{J_G + mh^2}{mh} \qquad\qquad (11\text{-}9)$$

l 称为复摆的等效摆长。因此只要测出复摆的周期和等效摆长便可求得重力加速度。

复摆的周期我们能测得非常精确,但确定等效摆长 l 却很困难。因为重心 G 的位置不易测定,重心 G 到悬点 O 的距离 h 也是难以精确测定的。同时由于复摆不可能做成理想的、规则的形状,其密度也难绝对均匀,想精确计算 J_G 也近乎不可能。

2) 凯特摆

1818 年凯特(Kater)设计出一种物理摆,他巧妙地利用物理摆的共轭点避免和减少了上述不易测准的物理量对实验结果的影响,提高了测量重力加速度的精度。19 世纪 60 年代雷普索里德对此作了改进,成为当时测重力加速度的最精确方法。波斯坦大地测量所曾同时用五个凯特摆花了 8 年时间(1896—1904)测得当地重力加速度的值 $g = (981.274 \pm 0.003)\,\text{cm/s}^2$。凯特摆测量重力加速度的方法不仅在科学史上有重要价值,而且在实验设计思想上亦有值得学习的地方。

图 11-12 是凯特摆的示意图,其主要设计原理是利用复摆上两点的共轭性精确求得等效摆长 l。在复摆重心 G 的两旁,总可找到两点 O 和 O',使得该摆以 O 悬点的摆动周期 T_1 与以 O' 为悬点的摆动周期 T_2 相同,那么可以证明 $|OO'|$ 就

是我们要求的等效摆长 l。

如图，凯特摆实验仪上两刀口 E、F 间的距离就是该摆的等效摆长 l。在实验中当两刀口位置确定后，通过调节 A、B、C、D 四摆锤的位置可使正、倒悬挂时的摆动周期 T_1 和 T_2 基本相等，即 $T_1 \approx T_2$。由公式（11-10）可得

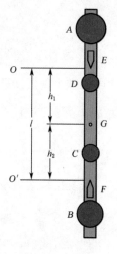

$$T_1 = 2\pi \sqrt{\frac{J_G + mh_1^2}{mgh_1}} \qquad (11\text{-}10)$$

$$T_2 = 2\pi \sqrt{\frac{J_G + mh_2^2}{mgh_2}} \qquad (11\text{-}11)$$

其中 T_1 和 h_1 为摆绕 O 轴的摆动周期和 O 轴到重心 G 的距离。当 $T_1 \approx T_2$ 时，$h_1 + h_2 = l$ 即为等效摆长。由式（11-10）和（11-11）消去 J_G，可得

图 11-12　凯特摆

$$\frac{4\pi^2}{g} = \frac{T_1^2 + T_2^2}{2l} + \frac{T_1^2 - T_2^2}{2(2h_1 - l)} \qquad (11\text{-}12)$$

式中，l、T_1、T_2 基本都是可以精确测定的量，而 h_1 则不易测准。由此可知，等式右侧第一项可以精确求得，而第二项不易精确求得。但当 $T_1 \approx T_2$ 以及 $|2h_1 - l|$ 的值较大时，该项的值相对第一项是非常小的，由此对测量结果产生的影响就微乎其微了。

实验十二

万用表的组装(动手制作)

1. 知识介绍

万用表是一种多功能、多量程的便携式电工仪表。一般的万用表可以直接测量直流、交流的电流、电压和电阻,经过适当的电路扩展还可以测量如电容、功率、晶体管共射极直流放大系数等,所以称之为万用表。

1) 万用表的种类

万用表分为指针式、数字式两种(见图 12-1)。随着技术的发展,人们研制出微机控制的虚拟式万用表(见图 12-2),被测物体的物理量通过非电量/电量,将温度等非电量转换成电量,再通过 A/D 转换,由微机显示或输送给控制中心,控制中心通过信号比较做出判断,发出控制信号或者通过 D/A 转换来控制被测物体。

图 12-1　指针式万用表与数字式万用表

图 12-2　微机控制的虚拟式万用表

本实验组装的是指针式万用表,下面着重介绍指针式万用表的结构、工作原理及使用方法。

2) 指针式万用表的组成与结构

指针式万用表的形式很多,但基本结构类似。指针式万用表的结构主要由表头、挡位转换开关、测量线路板、面板等组成。

表头是万用表的测量显示装置,实验所用的指针式万用表采用控制显示面板＋表头一体化结构。挡位开关用来选择被测物理量的种类和量程,测量线路板将不同性质和大小的被测物理量转换为表头所能接受的直流电流。万用表可以直接测量直流电流、直流电压、交流电压和电阻等多种物理量。当转换开关拨到直流电流挡,可分别与5个接触点接通,用于测量500 mA、50 mA、5 mA和500 μA、50 μA量程的直流电流;当转换开关拨到欧姆挡,可分别测量×1 Ω、×10 Ω、×100 Ω、×1 kΩ、×10 kΩ量程的电阻;当转换开关拨到直流电压挡,可分别测量0.25 V、1 V、2.5 V、10 V、50 V、250 V、500 V、1 000 V量程的直流电压;当转换开关拨到交流电压挡,可分别测量10 V、50 V、250 V、500 V、1 000 V量程的交流电压。

3) 指针式万用表的工作原理

图12-3为其工作原理图,由电流表表头、电阻测量挡、电流测量挡、直流电压测量挡和交流电压测量挡几个部分组成,图中"－"为黑表棒插孔,"＋"为红表棒插孔。所有待测的物理量最后都转换为电流,使电流表表头指针偏转。指针偏转的幅度代表了所测物理量的大小,表头的面板上根据所测量的规律,刻有代表其相应大小的刻度和数字,可直接读出相应物理量的数值。

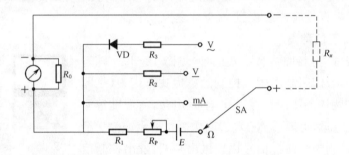

图12-3　指针式万用表基本的测量原理图

当挡位开关旋钮SA打到交流电压挡时,通过二极管VD整流,电阻R_3限流,表头指针偏转到相应的数值;打到直流电压挡时只通过电阻R_2限流,表头指针即偏转到相应的数值;打到直流电流挡时,表头指针直接指示电流值。

测电阻时,将转换开关SA拨到"Ω"挡,此时以内部电池E作为电源,设外接的被测电阻为R_x,表内的总电阻为R,形成的电流I使表头的指针偏转。

$$I = \frac{E}{R_x + R} \tag{12-1}$$

由上式可知,I和被测电阻R_x不成线性关系,所以表盘上电阻标度尺的刻度是不均匀的。当电阻越小时,回路中的电流越大,指针的偏转越大,因此电阻挡的标度尺刻度是反向分度。

当万用表红黑两表棒直接连接时,相当于外接电阻最小$R_x = 0$,那么:

$$I = \frac{E}{R_x + R} = \frac{E}{R} \tag{12-2}$$

此时通过表头的电流最大,表头偏转最大,因此指针指向满刻度处,向右偏转最大,显示阻值为 0 Ω。即电阻挡的零位是在右边。

反之,当万用表红黑两表棒开路时 $R_x \to \infty$,R 可以忽略不计,那么:

$$I = \frac{E}{R_x + R} \approx \frac{E}{R_x} \to 0 \tag{12-3}$$

此时通过表头的电流最小,因此指针基本不偏转,显示阻值为∞。

2. 实验目的

1) 了解万用表的工作原理;
2) 认识电子元器件的符号和实物;
3) 学会通过色环识别电阻的阻值;
4) 初步掌握锡焊技术;
5) 学会如何正确使用万用表;
6) 学习排除简单故障。

3. 待组装万用表电路分析

本实验所用的器材是天宇 MF47 型万用表散件,其电路图见图 12-4。

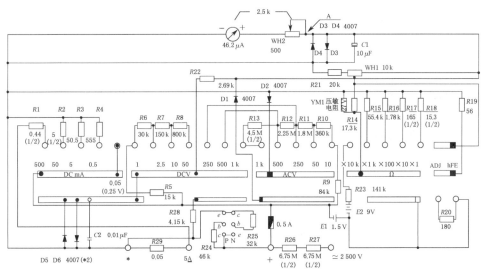

图 12-4 天宇 MF47 型万用表电路

它的显示表头是一个直流微安表；WH2 是电位器，用于调节表头回路中的电流大小；D3、D4 两个二极管反向并联并与电容并联，用于限制表头两端的电压，防止表头因电压、电流过大而烧坏。

电路图看起来复杂，实则有规律，为扩展量程，通过波段开关在每个测量物理量的回路中串（并）联了一定的电阻。图 12-5 只画出了测量电阻的电路图，看上去就简化多了。电阻挡分为 ×1 Ω、×10 Ω、×100 Ω、×1 kΩ、×10 kΩ 五个量程。当挡位开关旋钮打到 ×1 Ω 时，外接被测电阻通过"−COM"端与公共显示部分相连；通过"＋"经过 0.5A 熔断器接到电池，再经过电刷旋钮与 R18 相连，WH1 为电阻挡公用调零电位器，最后与公共显示部分形成回路，使表头偏转，则可测出阻值。

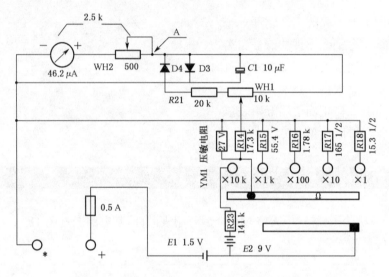

图 12-5 万用表电阻挡的选择

4. 安装步骤

1) 认识元器件并清点材料

● 电阻

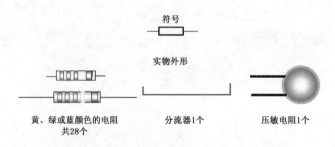

图 12-6 电阻

● 可调电阻

图 12-7　可调电阻

　　轻轻拧动电位器的黑色旋钮,可以调节电位器的阻值;用十字螺丝刀轻轻拧动可调电阻的橙色旋钮,也可调节可调电阻的阻值。

● 二极管

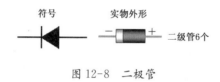

图 12-8　二极管

● 电容

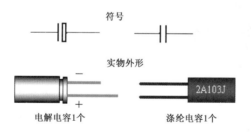

图 12-9　电容

● 保险丝、连接线、短接线。

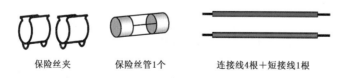

图 12-10　保险丝、连接线、短接线

● 线路板

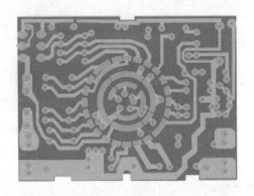

图 12-11　MF47 线路板

● 面板＋表头、挡位开关旋钮及电刷旋钮

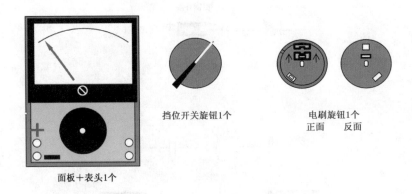

挡位开关旋钮1个

电刷旋钮1个
正面　　反面

面板＋表头1个

图 12-12　面板＋表头、挡位开关旋钮、电刷旋钮

● 电位器旋钮、晶体管插座、后盖

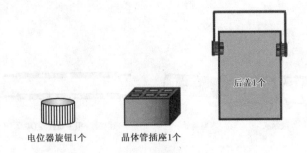

后盖1个

电位器旋钮1个　　晶体管插座1个

图 12-13　电位器旋钮、晶体管插座、后盖

● 电池夹

1只　　3只

电池极片

图 12-14　电池夹

● V 形电刷、晶体管插片、输入插管

V形电刷1个　　晶体管插片6片　　输入插管4只

图 12-15　V 形电刷、晶体管插片、输入插管

● 表棒

图 12-16　表棒

安装前要学会辨别二极管、电容及电阻的不同形状,并学会分辨元件的大小与极性。二极管如图 12-8 所示,它的两侧有引脚,其中负极一侧有银色圆环。电解电容如图 12-9,是同一侧出引脚,两根引脚一长一短,长的是正极。

2）色环数据的认识

实物电阻上标有一圈一圈的色环,它代表了该电阻的阻值和精度。图 12-17 所示的电阻有 4 条色环,其中有一条色环与别的色环间距较大,读数时应将其放在右边。

图 12-17　电阻的 4 条色环

每条色环表示的意义见表 12-1 左边第一条色环表示第一位数字,第 2 个色环表示第 2 个数字,第 3 个色环表示乘数(倍率),第 4 个色环也就是离开较远的色环,表示误差。

表 12-1 电阻的色环数据表

颜色	第 1 环数字	第 2 环数字	第 3 环数字（4 环电阻无此环）	乘数（倍率）	Error 误差
黑	0	0	0	10^0	
棕	1	1	1	10^1	$\pm 1\%$
红	2	2	2	10^2	$\pm 2\%$
橙	3	3	3	10^3	
黄	4	4	4	10^4	
绿	5	5	5	10^5	$\pm 0.5\%$
蓝	6	6	6	10^6	$\pm 0.25\%$
紫	7	7	7	10^7	$\pm 0.1\%$
灰	8	8	8	10^8	
白	9	9	9	10^9	
金				10^{-1}	$\pm 5\%$
银				10^{-2}	$\pm 10\%$

由此可知,图 12-17 所示的 4 环电阻,前二条色环"红、紫"表示两个数字 2 和 7,第三条色环"绿"表示乘数(倍率)10^5,第四条色环"棕"表示误差 1%。则它的阻值为 $27 \times 10^5 \, \Omega = 2.7 \, \mathrm{M\Omega}$,其误差为 $\pm 1\%$。

图 12-18 所示的是一 5 环电阻,识别阻值时首先找出表示误差的,间距较远的色环将它放在右边。从左向右,前三条色环分别表示三个数字,第 4 条色环表示乘数,第 5 条表示误差。

图 12-18 电阻的 5 条色环

从左向右依次为蓝、紫、绿、黄、棕,对照色环数据表,它表示的数值为 $675 \times 10^4 = 6.75 \, \mathrm{M\Omega}$,误差为 $\pm 1\%$。

从表中可知,金色和银色只能是乘数和允许误差,一定放在右边;表示允许误差的色环比别的色环的间距稍宽。

请同学根据上面介绍的规则,识别出实验室提供的 5 环电阻的阻值,将其分别插在对应电阻值的泡沫板上备用。

3）焊接前的准备工作

● 清除元件表面的氧化层

元件经过长期存放,会在元件表面形成氧化层,不但使元件难以焊接,而且影响焊接质量,因此当元件表面存在氧化层时,应首先清除氧化层。清除方法如图

12-19所示:左手捏住电阻或其他元件的本体,右手用锯条轻刮元件引脚的表面,左手慢慢地转动,直到表面氧化层全部去除。

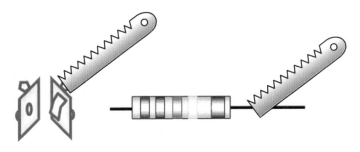

图 12-19 清除元件表面氧化层

● 元件引脚的弯制成形

正确地识别出各个元器件后,根据线路板的孔距弯制引脚(有极性的元件要正确区分极性),插入印制板相应位置。应先焊水平放置的元器件,后焊垂直放置的或体积较大的元器件,如分流器、可调电阻等。尽量使元件排列整齐,引脚的多余部分用斜口钳剪掉。

因为线路板安装元件的孔距决定了元件引脚的间距,所以需对元件的引脚进行合理的弯制。注意,引脚的根部在弯制过程中容易受力而损坏,所以弯制引脚时要用镊子在距引脚根部一定距离(具体距离要看线路板的孔距)处夹紧元件的引脚(见图 12-20),再用手将引脚弯成直角。

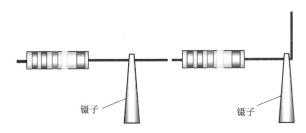

图 12-20 借助镊子弯制引脚

如果孔距较小,元件较大,应将引脚往回弯折成形(见图 12-21 中 c、d)。电容的引脚可以弯成直角,将电容水平安装(见图 12-21 中 e),或弯成梯形,将电容垂直安装(见图 12-21 中 h)。二极管可以水平安装,当孔距很小时应垂直安装(见图12-21 中 i)。

4) 焊接

请注意,烙铁架上的海绵要事先加水。烙铁的插头必须插在右手的插座上(左撇子插在靠左手的插座上)。通电前应将烙铁的电线拉直并检查电线的绝缘层是

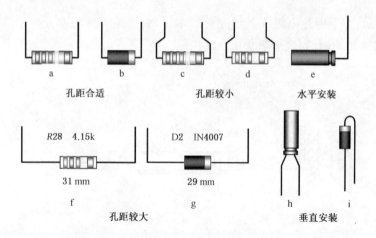

图 12-21　元件弯制后的形状

否有损坏，不能使电线缠在手上。通电后应将电烙铁插在烙铁架中，并检查烙铁头是否会碰到电线、书包或其他易燃物品。烙铁加热过程中及加热后切勿用手触摸烙铁的发热金属部分，以免烫伤。

锡焊需要助焊剂才可焊牢。焊锡丝的内芯灌满了用作助焊剂的松香，松香的熔点较低，因此焊接时松香首先融化，铺在焊点上，接着焊锡融化，就牢牢的焊住了焊点。不允许用电烙铁运载焊锡丝，因为烙铁头的温度很高，焊锡在高温下会使助焊剂分解挥发，易造成虚焊等焊接缺陷。

● 焊接的要领

焊接时先将电烙铁在线路板上加热，大约 2 s 后，送焊锡丝，观察焊锡量的多少，不能太多，造成堆焊；也不能太少，造成虚焊。当焊锡熔化，充满焊盘发出光泽时，焊接温度最佳，应立即将焊锡丝移开，然后将电烙铁移开。

为使加热面积最大，要将烙铁头的斜面靠在元件引脚上（见图 12-22），烙铁头

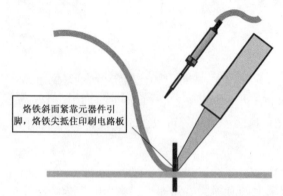

图 12-22　焊接式电烙铁的正确放置

的顶尖抵在线路板的焊盘上。焊点高度一般在 2 mm 左右,直径应与焊盘相一致,引脚应高出焊点大约 0.5 mm。

● 焊点的形状

如图 12-23 所示,焊点 a 焊接比较牢固;焊点 b 为理想状态;焊点 c 焊锡较多,当焊盘较小时,可能会出现这种情况,但是有虚焊的可能;焊点 d、e 焊锡太少;焊点 f 提烙铁时方向不合适,造成焊点形状不规则;焊点 g 烙铁温度不够,焊点呈碎渣状,多数为虚焊;焊点 h 焊盘与焊点之间有缝隙为虚焊或接触不良;焊点 i 引脚放置歪斜。一般形状不正确的焊点,元件多数没有焊接牢固,应重焊。

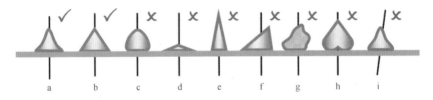

图 12-23 焊点的形状(√ 为焊接正确,× 为不正确)

焊点的形状俯视图如图 12-24 所示。点 a、b 形状圆整,有光泽,焊接正确;焊点 c、d 温度不够,或抬烙铁时发生抖动,焊点呈碎渣状;焊点 e、f 焊锡太多,将不该连接的地方焊成短路。

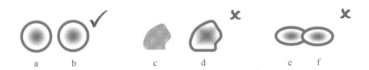

图 12-24 焊点的形状(俯视,√ 为正确,× 为不正确)

● 烙铁头的处理

如果烙铁头上挂有很多的锡或有黑色氧化物,不易焊接,可在烙铁架中带水的海绵上或者在烙铁架的钢丝上来回涂抹,抹去多余的锡或氧化物。

5) 焊错元件的拔除

实验时要认真、谨慎,尽量不要焊错,因为线路板上的印制焊盘是用胶粘结在板子上的,焊的次数多了焊盘就会脱落。不慎焊错要学会使用专用的吸锡器来拔除焊错元件。

6) 电位器、输入插管、晶体管插座(4 个)的焊接

这几个元件装在印制板的绿面,其他元件装在黄面,所有的焊接都在绿面。电位器在绿面推入安装孔,在黄面将两个固定引脚捏紧,在绿面焊 3 个点。输入插管是用来插表棒的,一定要焊接牢固。将其插在绿面相应位置,用尖嘴钳在黄面轻轻捏紧,将其固定,一定要注意垂直,然后在绿面将其焊接牢固。晶体管插座也是装在绿面,先要将6片插片插入管座中,将其伸出部分折平,如图12-25所示,然后装在相应的位置焊6个点。

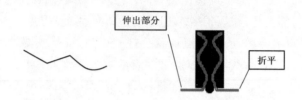

伸出部分

折平

图12-25　晶体管插片的弯制与固定

7) 电池夹的安装焊接

电池夹有两对,1.5 V和9 V。安装时可将极片半插在卡槽上,连接线焊上后再插到底。焊接时应该先给极片的焊盘镀锡,再给连接线镀锡,接着烫开电池极板上已有的锡,迅速将连接线插入并移开烙铁。注意焊接时连接线的走向不要影响装电池。

焊接时的注意事项:

- 在拿起线路板的时候,最好用两指捏住线路板的边缘。不要直接用手抓线路板两面有铜箔的部分,防止手汗等污渍腐蚀线路板上的铜箔而导致线路板漏电。

- 如果有可能在安装完毕后用酒精将线路板两面清洗干净并用电吹风烘干。

- 电路板焊接完毕后,用橡皮将三圈导电环上的松香、汗渍等残留物擦干净。否则易造成接触不良。

- 焊接时要防止电刷轨道上粘上锡,否则会影响电刷的运转(见图12-26)。为了防止电刷轨道粘锡,切忌用烙铁运载焊锡。

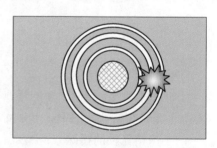

图12-26　电刷轨道

- 在每一个焊点加热的时间不能过长,否则会使焊盘脱开或脱离线路板。对焊点进行修整时,要让焊点有一定的冷却时间,否则不但会使焊盘脱开或脱离线路板,而且会使元器件温度过高而损坏。

- 焊接时要注意图12-27所示的8个焊点,由于电刷要从中通过,所以其高度不能超过2 mm,否则会刮断电刷。

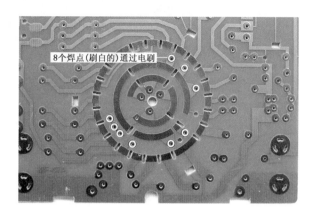

图 12-27　电刷通过的 8 个焊点

8) 安装

● 电刷的安装

将电刷旋钮的电刷安装卡转向朝上，V 形电刷有一个缺口，应该放在左（右）下角，因为线路板的 3 条电刷轨道中间两条间隙较小，外侧两条间隙较大，与电刷相对应，当缺口在左（右）下角时电刷接触点上面两个相距较远，下面两个相距较近，注意不能放错（见图 12-28）。电刷四周要卡入电刷安装槽内，用手轻轻按压，看是否有弹性并能自动复位。

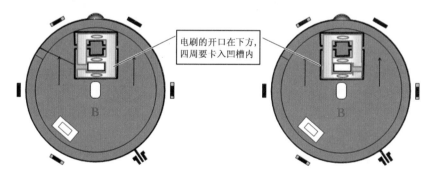

图 12-28　电刷的安装

若电刷安装的方向不对，万用表会失效或损坏。图 12-29a 开口在右上角，电刷中间的触点无法与电刷轨道接触，万用表无法正常工作，且外侧的两圈轨道中间有焊点，会与电刷触点相磨

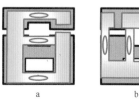

图 12-29　错误安装方法

擦,使电刷受损;b 和 c 开口在左上角或在右下角,3 个电刷触点均无法与轨道正常接触,且电刷在转动过程中会与外侧两圈轨道中的焊点相刮,会使电刷很快折断损坏。

● 线路板的安装

如图 12-30 所示,焊接上电池夹连接到 1.5 V 和 9 V 电池的连线、连接到微安表表头的连线,以及板上的短接线。将焊好线的线路板水平放在面板背面的固定卡上,依次用力卡入即可。注意在安装线路板前先应将电刷装好。

然后装上电池和后盖,拧上螺丝,注意拧螺丝时用力不可太大或太猛,以免将螺孔拧坏。以上工作完成后,组装即告完成。可通过测量电阻、电压、电流来检验本作品是否合格。

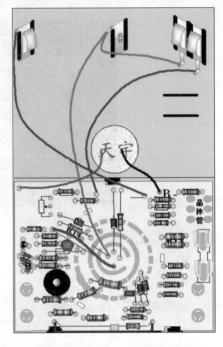

图 12-30　连接线安装

5. 使用方法

1) MF47 型万用表的认识

● 表头共有七条刻度线,从上向下分别为电阻(黑色)、直流毫安(黑色)、交流电压(红色)、晶体管共射极直流放大系数 h_{fe}(绿色)、电容(红色)、电感(红色)、分贝(红色)等。

● 挡位开关共有五挡,分别为交流电压、直流电压、直流电流、电阻及晶体管,共 24 个量程。

● 四个插孔,左下角红色"＋"为红表棒,正极插孔;黑色"－"为公共黑表棒插孔;右下角"2500 V"为交直流 2500 V 插孔;"5A"为直流 5A 插孔。

● 机械调零:旋动万用表面板上的机械零位调整螺钉,使指针对准刻度盘左端的"0"位置。

● 读数时目光应与表面垂直,使表指针与反光铝膜中的指针重合,确保读数的精度。检测时先选用较高的量程,根据实际情况,调整量程,最后使读数在满刻度的 2/3 附近。

2) 测量直流电压

将挡位开关旋钮打到直流电压挡,并选择合适的量程。当被测电压数值范围不确定时,应先选用较高的量程,把万用表两表棒并接到被测电路上,红表棒接直流电压正极,黑表棒接直流电压负极,勿接反。根据测出电压值,再逐步选用低量程,使读数在满刻度的 2/3 附近。

3) 测量交流电压

测量交流电压时将挡位开关旋钮打到交流电压挡,表棒不分正负极,读数方法同直流电压的测量,读数为交流电压的有效值。

4) 测量直流电流

将挡位开关旋钮打到直流电流挡,并选择合适的量程。当被测电流数值范围不确定时,应先选用较高的量程。把被测电路断开,将万用表两表棒串接到被测电路上,注意直流电流从红表棒流入,黑表棒流出,不能接反。根据测出的电流值,再逐步选用低量程,保证读数的精度。

5) 测量电阻

将挡位开关旋钮打到电阻挡,并选择量程。短接两表棒,旋动电阻调零电位器旋钮,进行电阻挡调零,使指针打到电阻刻度右边的"0"Ω 处。将被测电阻脱离电源,用两表棒接触电阻两端,从表头指针显示的读数乘所选量程的分辨率即得该电阻的阻值。例如选用 $R \times 10$ 挡测量,指针指示 50 Ω,则被测电阻的阻值为:50 Ω×10＝500 Ω。如果示值过大或过小要重新调整挡位,以保证读数的精度。

6) 使用万用表的注意事项

- 测量时不能用手触摸表棒的金属部分,以保证安全和测量准确性。测电阻时如果用手捏住表棒的金属部分,会将人体电阻并接于被测电阻而引起测量误差。
- 测量直流量时注意被测量的极性,避免反偏打坏表头。
- 不能带电调整挡位或量程,避免电刷的触点在切换过程中产生电弧而烧坏线路板或电刷。
- 测量完毕后应将挡位开关旋钮打到交流电压最高挡或空挡。
- 不允许测量带电的电阻,否则会烧坏万用表。
- 表内电池的正极与面板上的"－"插孔相连,负极与面板"＋"插孔相连,如果不用时误将两表棒短接会使电池很快放电并流出电解液,腐蚀万用表,因此不用时应将电池取出。
- 在测量电解电容和晶体管等器件的阻值时要注意极性。
- 电阻挡每次换挡都要进行调零。
- 不允许用万用表电阻挡直接测量高灵敏度的表头内阻,以免烧坏表头。
- 不能用电阻挡测电压,否则会烧坏熔断器或损坏万用表。

6. 简单故障的排除

1）指针没有反应

- 表头、表棒损坏
- 接线错误
- 保险丝没装或损坏
- 电池没有接通
- 如果将两种电池极板装反位置，电池两极无法与电池极板接触，电阻挡就无法工作
- 电刷装错
- 某些焊点有虚焊

2）电压指针反偏

这种情况一般是表头引线极性接反。如果 DCA、DCV 正常，ACV 指针反偏，则为二极管 D1 接反。

3）测电压示值不正确

这种情况一般是某些相关的电阻的阻值焊错，需找出来重焊。

附　录

预备物理实验
网络开放教学管理系统

使

用

说

明

东南大学物理实验中心
http://phylab.seu.edu.cn

1. 《预备物理实验网络开放教学系统》概况

1) 系统概况

为满足开放教学管理和学生自主学习的需要,实验中心自主研发了预备实验网络开放教学系统,结合以太网远程硬件控制技术,实现了"学生远程预约实验,门禁刷卡认证派位",利用该系统进行开放实验的选课、考勤和成绩管理等一系列教务管理过程,并通过网络资源库的建设与完善,为学生提供了丰富的网络资源,如课件、视频、讲义等。

2) 系统功能

● 注册认证

新生首次使用本系统之前,需要进行基于校园信息门户的学生信息注册认证工作(用户名为一卡通号,默认密码为一卡通认证密码),并参与选课前网络调查。

● 自主选课

◇ 系统实行开放选课模式,在学生确定并提交选课个数之后,系统将针对每位选课同学开放具体的可选实验个数。

◇ 学生在此基础上,根据自己的时间及兴趣自主选择实验项目及上课时间。

◇ 系统开放期间,学生可以随时登录选课。若学生在选课后出现特殊情况不能按时上课,可以在课前 24 小时登录系统进行退改选。

● 学习指导

◇ 实验前,学生可以登录中心网站"网络多媒体教学辅导系统"选择相应的实验进行预习。

◇ 实验中,学生可以利用相应的网络资源进行实时指导。

◇ 实验结束后学生可以登录系统查询实验成绩。

● 刷卡上课

◇ 实验中心使用校园一卡通作为统一身份认证,学生在网上远程预约选课后,按照预约的上课时间在实验中心任一刷卡机处刷卡派位,系统将自动打开相应实验桌的电源。

◇ 按照刷卡信息提示进入相应实验室的指定位置就座,实验过程中可随时使用实验中心计算机 TA 系统寻求相关指导。

◇ 实验完成后务必再次刷卡离开实验室,实验桌电源将自动关闭,同时实验相关信息将被传送至服务器。

2. 首次登录系统

1）系统地址

本系统位于东南大学物理实验中心主页，网址为：http://phylab.seu.edu.cn。

图附-1　实验中心首页截图

2）身份认证

点击首页右侧的"网络开放教学管理系统"链接，进入用户登录界面，本系统使用学校统一的一卡通身份验证登录，第一次登录后进入以下引导界面。

注意事项：一卡通号输入请注意中英文状态，应输入英文状态下的半角数字及字母。输入正确后点击下

图附-2　开放管理系统登录界面

图附-3 开放管理系统引导界面

图附-4   一卡通、姓名信息认证及初始密码设定

一步跳入新生调查表填写页面。

3）新生调查

学生信息核准后，需要进行一个简单的新生调查，内容主要是对各个学生高中阶段的物理实验水平进行大致上的了解，并在了解具体的实验项目及工具熟悉程度后给出预备实验选课项目具体建议。此部分调查问题为单选题，请在提交下一步之前确认每个问题都做出了唯一的回答。否则系统将出现红色"请选择"字样。

4）实验项目个数选择

在做完调查之后，系统将对预备实验的一些相关信息进行介绍，包括实验项目介绍、可选的实验个数范围等。选择完毕后结束第一次登录流程。

首次登录系统...

完成设置，请返回

你已经完成设置，可以通过卡号和密码登录到我们的系统，可以在首页查看多媒体教学课件，了解每个实验的基本内容。
返回：

- 物理实验中心主页
- 开放实验网络选课系统
- 网络多媒体辅导系统

图附-5　首次登录引导结束界面

3. 选课及系统正常使用

注册及调查完毕后，学生即可正常进入本系统，登录后页面如图附-6.

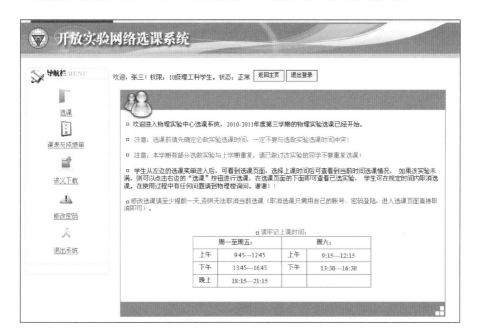

图附-6　选课系统初始界面

中心区域中列出了当前学生及可选课状态，并用有色字体标出重要的注意事项，请大家务必在每次登录后查看当前通知情况。

系统左侧导航栏列出了主要的使用功能。选课,查询课表及成绩,讲义下载,修改密码,退出。

1) 选课

每学期开始,选课系统将会开放,学期中学生可以随时登录进行选课及修改。在选课页面中,学生按自身需要选择实验时间,即依次点击周次、实验分组(请选择预备实验),查询实验室当时开放的实验项目。有选课人数未满的课程所在时间为黑色可点击,其他时间为灰色被禁用,如图附-7所示。点击相应时间后选择右侧选课按钮即选课成功,选择后仍可退选、重新选择,但请注意,务必要在上课前24小时退改选。

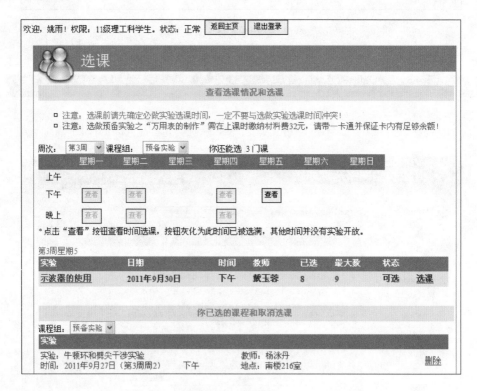

图附-7 选课界面

其他时间系统将提示等待信息:

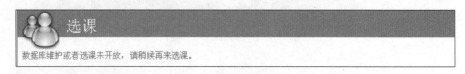

图附-8 未开放时间选课界面

注意不要选择重复的实验项目,可选实验个数由各学生之前的选择决定。

2) 查询课表及成绩

选课之后就可以查询自己的课程时间、地点、教室等信息,每个实验的成绩也会在实验后录入系统,学生可以方便地查询,并可及时与教师交流。

右侧下拉选框中会有相应实验组和具体查询项目可供选择。

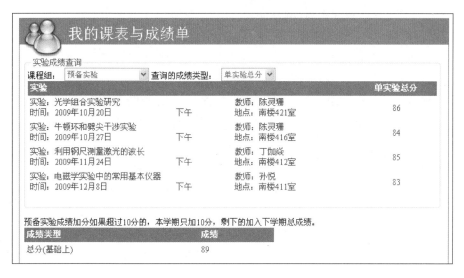

图附-9　实验信息及成绩查询界面

注:本系统使用过程中如遇问题,可与田家炳楼南楼 210A 网络室联系。

参考文献

1. 钱锋,潘人培.大学物理实验(修订版).北京:高等教育出版社,2005.

2. 熊宏齐等.大学物理实验(网络课程).南京:江苏电子音像出版社,2002.

3. 沈元华,陆申龙.基础物理实验.北京:高等教育出版社,2003.

4. 吴泳华,霍剑青,浦其荣.大学物理实验(第一册,第二版).北京:高等教育出版社,2005.

5. 吕斯骅,段家忯.基础物理实验.北京:北京大学出版社,2002.

6. 孙晶华.操纵物理仪器 获取实验方法——物理实验教程.北京:国防工业出版社,2009.

7. 熊永红,张昆实,任忠明,等.大学物理实验.北京:科学出版社,2007.

8. 戴玉蓉,钱锋,钱建波,等.大学新生自主学习的预备性物理实验.实验室研究与探索,2009(4).

9. 郭奕玲,沈慧君.物理学史.北京:清华大学出版社,1997.

10. http://blog.sciencenet.cn/u/penrose,若水阁科学博客,水煮物理系列.